KB263184

미국의 지방자치 이모저모

- 우리도 배워야 할 정치·행정 사례들 -

미국의 지방자치 이모저모

초판 1쇄 인쇄 2011. 12. 16.
초판 1쇄 발행 2011. 12. 22.

지은이   권 혁 신
펴낸이   김 경 희

경 영   강 숙 자
편 집   송 인 선
영 업   문 영 준
경 리   김 양 헌
펴낸곳   ㈜지식산업사
　　　　본사 ● 경기도 파주시 교하읍 문발리 520-12
　　　　　전화 (031)955-4226~7 팩스 (031)955-4228
　　　　서울사무소 ● 서울시 종로구 통의동 35-18
　　　　　전화 (02)734-1978   팩스 (02)720-7900
　　　　한글문패   지식산업사
　　　　영문문패   www.jisik.co.kr
　　　　전자우편   jsp@jisik.co.kr
　　　　등록번호   1-363
　　　　등록날짜   1969. 5. 8.

책값은 뒤표지에 있습니다.

ⓒ 권 혁 신, 2011
ISBN 978-89-423-3090-4   (03350)

이 책을 읽고 지은이에게 문의하고자 하는 이는
지식산업사 전자우편으로 연락 바랍니다.

– 우리도 배워야 할 정치·행정 사례들 –

미국의 지방자치 이모저모

권혁신 지음

지식산업사

이 책은 필자가 1998년 5월부터 6개월 동안 월간 행정잡지 《자치공론自治公論》에 연재했던 내용을 약간 손보아 엮은 것이다. 당시 이 연재물은 필자가 2년 동안 미국의 캔자스 주와 미주리 주 두 곳에서 근무한 귀국 보고서 형식으로, 우리 입법·사법·행정부에 전하는 정책 건의서이자, 지방의회 운영이나 지방행정 현장의 업무 참고서적 성격을 띠고 있다. 그런데 '우리도 배워야 할 정치·행정 사례들'이라고 부제를 단 것은, 오늘날 우리가 속병을 앓고 있는 정치 행정은 물론 사법제도에 이르기까지 여러 가지 문제점들에 대한 명쾌한 해결책이 이 속에 다 담겨 있어서이다.

이미 10여 년 전에 발표한 내용을 뒤늦게 단행본으로 엮는 이유는, 여기 소개된 내용에 우리도 배워야 할 제도와 사례가 많이 있음에도, 아직도 그들의 선진 제도를 받아들이거나 응용한 성과가 별로 없어, 한 번 더 널리 알리기 위해서다. 이와 함께, 우리도 미국의 선진 제도를 살펴봄으로써 우리의 낙후된 정치 행정과 사법제도를 하루빨리 혁신革新해 나아가자고 거듭 요로要路에 제안하고자 함이다.

우리가 낙후된 정치와 행정제도에서 벗어나려면 이 책에서 소개하고 있는 미국의 행정제도와 사례를 모델로 삼아 긍정적인 수용자세로 접근할 일이다. 참고할 사례가 참으로 많고, 언젠가는 우리도 저들이 걸어간 그 길로 가게 되리라는 전망 때문이다. 예를 들면 로스쿨Law School 제도나 배심재판 제도 같이 우리에게는 현재 태동기에 있는 제도들이 보여주는 사례들처럼 말이다.

필자는 정치 행정에 관계되는 모든 이들과 정치학·행정학 전공 학생들, 법조계 인사들, 현재의 도지사·시장·군수·구청장들과 국회의원들, 그리고 각급 지방의회 의원들과 그 지망자들이 이 책을 읽고, 저들의 지혜를 꼭 참고해주기 바란다.

더불어 일반 시민들도 미국의 선진 제도는 그림이 어떻게 그려져 있는지를 접할 수 있는 기회가 되기를 바라는 심정이다. 그렇게 함으로써 정치 행정에 대한 안목과 식견을 높이는 한편, 위정자들을 감시하는 안목과 잣대도 가다듬어 우리 사회에서 가장 낙후되었다는 정치권의 문제점을 바르게 진단할 안목과 식견을 우리 모두 공유할 때, 우리나라는 이미 선진국에 성큼 도달해 있을 것이다. 더욱이 이 시대의 위정자들과 행정 공무원들은, 이 책이 제시하는 여러 사례와 그 속에 담긴 교훈에 힘입어 국가 발전에 크게 이바지해 주기를 간절히 바라는 바이다.

2011년 12월

권 혁 신

차   례

제6부 주 정부의 주요 시책과 모범 사례들

서 론

I

필자는 초대 통합 강릉시장으로 재직하다 민선 자치단체장의 시대로 전환되자, 해외 파견 근무의 행운을 잡았다. 먼저 미국 캔자스 주의 상무 주택성에서 1년(1996), 그리고 미주리 주로 옮겨 미주리 주 행정처에서 1년(1997) 동안 근무했다.

비록 2년 남짓 짧은 기간이었지만 필자는 미국이 확실히 살맛나는 곳이라는 생각이 들었다. 미국은 낯선 곳으로 이사를 해도 사는 데 불편이 거의 느껴지지 않는 사회다. 오히려 우리나라에서 이사를 했을 때보다 더 편한 생각이 들 정도다. 무엇이 그런 생각을 갖게 하는 것일까?

그런 생각은 필자뿐만 아닌 것 같았다. 이른바 선진국이라 하는 G7에 속하는 나라 사람들도 일단 미국에 와 보고 미국을 알고 나면, 자기 나라로 돌아가기보다 미국에 그대로 남아

살고 싶어 하는 것을 보아왔다. 선진국 사람들조차 자기 나라보다 더 살맛나는 나라로 여기는 미국의 여러 제도와 체제는 어떻게 짜여 있는 것일까? 그런 생각에서 미국의 주 정부와 시·군이 어떻게 구성되어 작용하고 있는지 나름대로 중점적으로 파악해 보았다.

필자는 주 정부와 시·군의 조립 골간과 그 기능을 파악해 나아가는 과정에서 지나쳐서는 안 될, 정부 외적인 지방자치의 성공 요인들이 있음을 발견했다. 그것은 곧 주 정부와 시·군 사이에 중요한 역할을 하는 교량 조직들이 있다는 점과, 지방자치제의 성패 여부는, 역시 행정 외적 요인으로 무엇보다도 정당의 체질이나 민주화 정도가 결국 지방자치 수준의 결정 인자因子라는 사실을 재확인하게 되었다. 한편 미국의 제도가 거울이 되어 우리나라 여러 제도의 초보적 미비점도 그대로 비추어져 보였다.

이 책에서는 아직 유아기에 속하는 우리 지방자치제도의 골반이 굳어지기 전에, 우리의 제도 개선에 참고가 될 수 있다고 생각되는 사례들을 파악한대로 하나씩 소개하고자 한다. 특히 이 시점에서 우리 모두의 관심을 모을 주제들을 중심으로, 강학적講學的 이론 체계나 순서를 뛰어 넘어 선진 제도의 이모저모를 하나씩 소개하고자 한다.

II

　미국은 50개 주로 이루어진 연방제 국가이다. 50개 주가 저마다 독자적인 제도를 갖고 있어, 미국에는 50개의 지방자치제도가 있는 셈이다. 때문에 미국 지방자치제도의 정형을 하나로 잘라 말할 수는 없고, 몇 개의 주를 예시하는 것이 불가피하다. 필자는 미국의 정 중앙부에 있는 캔자스Kansas 주와 바로 동쪽으로 접경한 미주리Missouri 주 정부에 근무하면서 그들의 제도를 관찰·파악했다. 필자가 근무할 당시 전자는 공화당 주 정부였고 후자는 민주당 주 정부로, 이들은 인접한 주인데도 제도적으로 많은 차이가 있었다. 심지어 한 주에서 다른 주로 이사를 오면 운전면허 시험도 다시 보아야 한다. 이들 두 정부 가운데서 우리에게 좀 더 도움이 될 수 있는 쪽을 택하여, 때로는 두 개의 주 정부를 비교해 가며 주 정부와 시·군의 조직과 참고할 만한 제도와 사례를 소개하고자 한다.

제1부

각급 의회

1. 연방의회와 주의회

1) 의원의 수

　지방의회를 설명하려면 먼저 연방의회에 대한 개략적인 설명이 불가피하다. 미국은 잘 알려진 바와 같이 양원제를 채택하고 있어, 상원Senate과 하원The House of Representative을 합쳐 의회Congress라 한다. 상원 의원은 100명으로 주마다 일률적으로 2명씩의 대표로 구성되어 있고, 하원 의원은 435명으로 인구 비례로 구성된 인원이다. 그러다 보니 알래스카Alaska(인구: 2008년 현재 68만 6300명)와 같이 인구가 아주 적은 주의 경우, 연방 상원 의원은 2명인데 하원 의원은 1명인 경우도 있다.

　미국은 건국 초기에 의회 구성을 입안할 당시, 각 주에서 똑같은 인원을 대표로 의회를 구성하려 하자, 인구가 많은 주에서는 인구 비례로 대표를 구성해야 한다고 주장하여 많은 논란 끝에, 주를 대표하는 기관the House representing the State을 상원, 주민을 대표하는 기관the House of the people을 하원으로 의회를 하나 더 두기로 하여 양원제가 시작된 것이다.

그리하여 하원은 각 주의 인구 비례로 구성된 만큼, 435명의 하원 의원은 1인당 몇 명의 주민을 대표하고 있는 것일까 하는 점이 주목을 끌게 된다. 미국은 인구조사를 10년마다 하는데 필자가 근무할 당시 인구와 의원 수를 계산해 보아도, 하원 의원은 1인당 약 61만 5,980여 명의 지역주민을 대표하고, 상원 의원 1백 명을 합친 535명을 기준으로 하더라도 1인당 약 50만 850여 명을 대표하는 것으로 집계되었다. 만일 이런 기준을 당시 남한 인구 4천 5백만 명에 적용해 보면, 우리에게 필요한 의원 수는 1백 명 미만이라는 숫자가 나온다. 나라마다 사정이 다르고 환경이 다른 점에서, 이런 비교가 합리적인가 하는 문제는 논외로 하고.

한편 미국 전체의 면적(367만 5,031평방마일)은 러시아, 캐나다, 중국에 이어 세계에서 네 번째이고, 남북한을 합친 우리나라 총면적(8만 5,774평방마일)의 거의 43배에 해당한다(이상 면적 자료 출처—미국 뉴저지에서 출간된 《세계연감》). 캔자스 주만 해도 남북한을 합친 면적에 거의 육박한다. 인구와 면적을 고려하더라도 확실히 미국 의회의 의원 수는 가히 절약형이라 할 수 있다.

그러면 주 정부의 의회 구성과 인원은 어떠한가? 50개 주 가운데 중부에 있는 네브래스카Nebraska 주만 빼고 49개 주가 모두 양원제를 채택하고 있다. 네브래스카는 단원제로 의회의 규모면에서 상원만 있는 셈이다. 미국 50개 주의 평균 상원 의원 수는 40명이고, 네브래스카 주를 제외한 49개 주의 평균 하원 의원 수는 109명이다.

그런데 미국 주 정부의 기능과 우리나라 도의 기능은 전혀 다르다. 연방제 아래의 주 정부는 외교·군사권을 빼고는 하나의 국가와 같은 독립적 기능을 수행한다. 미국 주 정부의 경우, 주지사는 육군뿐만 아니라 공군까지 갖춘 1만 명 이상의 주 방위군에 대한 평시의 통수권과, 장성을 포함한 장교 승진·인사권도 갖고 있으니 외교권만 없는 셈이다. 주지사는 경찰·검찰 지휘권은 말할 것 없고, 감형·사면권을 포함한 일체의 행형권行刑權과 주 대법원 판사를 임명하는 권한도 갖고 있다. 뿐만 아니라 교육도 관장하고 있다(미주리). 미국 각 주의 의원 수는 집행부의 이러한 기능도 고려된 숫자임을 염두에 두어야 한다.

그러면 우리나라와 같이 단원제인 네브래스카 주는 어떠한가. 당시의 통계로 인구 165만 2천 명(50주 가운데 36번째)에 주 의원 수는 49명이다. 네브래스카를 대표하는 연방 의원 수는 상원 의원은 당연히 2명, 그리고 하원 의원은 주 전체에서 3명 뿐이다. 미국에는 비례대표제도가 없다.*

---

* 1998년 당시 미국 최대 도시인 뉴욕시(인구: 738만 906명)의 의원 수는 51명이고 시카고(인구: 272만 1,547명)의 시 의원 수는 50명이다. 참고

2) 의원의 임기와 자격

미국 연방 의원의 임기는 하원은 2년, 상원은 6년으로 2년마다 3분의 1씩 교체 선출하는 시차임기제時差任期制staggered term를 채택하고 있다.

주의회의 경우 상원의 임기는 대개 4년(38개 주), 하원의 임기는 대개 2년(45개 주)이다. 상·하원 모두 임기가 2년인 주도 12개 주, 상·하원 모두 임기가 4년인 경우도 4개 주가 있다.

미주리 주의 경우를 보면 상원은 4년, 하원은 2년으로, 상원은 2년마다 의원의 2분의 1씩 교체하는 시차임기제를 채택하고 있다. 시차임기는 의원들의 의회 활동의 익숙도를 높이는 데 그 의의가 있다 하겠다.

미주리 주에서는 상·하 의원 모두 임기 제한 제도를 시행하고 있다. 즉 상원은 한 사람이 평생 2회 8년만, 하원은 4회 8년까지만 의원 활동을 할 수 있게 되어 있다. 횟수 제한과 연수 제한을 함께 적용한다. 캔자스 주의 경우, 당시에는 이러한 임기 제한이 없었으나 제한하자는 쪽으로 여론이 모아지고 있었다.

로 당시 강원도 인구 약 153만 6천 명, 국회의원은 전국구를 제외한 지역구 의원만 13명, 도의원 58명(비례대표 6명 포함)이다. 1998년 위의 내용이 발표된 이후 2010년 1월 현재 강원도 의회 의원은 40명(지역구 36명, 비례대표 4명), 강원도 지역구 국회의원은 8명으로 다소 개선·발전되었다. 그러나 2010년 7월 1일 제8대 도의원부터는 그 수가 다시 늘어 47명(지역구 37명, 비례대표 5명, 교육위원 5명)이 되었다. 2010년 현재 네브래스카 인구는 178만 3,432명, 뉴욕 인구는 836만 3,719명, 시카고 인구는 283만 3,321명이다(이상 www.census.gov 자료).

미국에는 각급 의원의 자격이 개방되어 있어, 일반 봉급생활자도 의원이 될 수 있다. 현역 고등학교 교사가 주의회의 의원인 경우도 흔히 볼 수 있고, 우리 같으면 도청 공무원이 시의회 의원인 경우도 흔하다.

참고로 미국 상원 의원의 자격은 9년 이상 미국 시민권을 갖고 있는 30세 이상인 자로 그 지역의 주민이어야 하고, 하원 의원은 7년 이상 시민권을 계속 소지하고 있는 25세 이상인 사람으로 당해 지역의 주민이어야 한다. 주 의원의 자격은 주마다 다르겠으나, 미주리 주의 경우 상원은 30세, 하원은 24세로 되어 있다.

3) 임기 내 의원 자신들의 보수 인상 금지

미국에서 선거직이라면, 의회 의원이든 집행부 직원이든 자신의 임기 동안에는 자신들의 보수나 수당을 인상하거나 인하하지 못한다는 것은 보편적인 상식이다. 이런 내용은 주 헌법 또는 시 헌장 등에 명문화되어 있다. 여기서 보수라 함은 봉급과 교통비 및 일당을 포함한다고 정의하고 있다(미주리).

주 정부에는 의회 의원뿐만 아니라 집행부의 지사·부지사 외에도 여러 선출 직위가 있다. 최고 실권자가 임명할 경우, 임명자의 영향권에서 자유롭지 못하거나 그로 말미암아 객관적으로 직무의 공정성을 인정할 수 없는 직위는, 모두 선출직으로 되어 있다. 미주리 주의 경우 주지사Governor, 부지사

Lieutenant Governor, 재무관State Treasurer, 감사관State Auditor, 법제사무처장Secretary of State, 검찰총장Attorney General이 모두 선출직이다. 그래서 선출직 공무원의 '민간 보수심의위원회Missouri Citizens' Commission on Compensation for Elected Officials'가 있는데, 그 구성이 특이하면서 한편으로는 각종 위원회Boards or Commissions 구성의 본보기와 같다. 이 보수 위원회는 14명으로 구성되어 있는데 그 내용을 보면;

- 법제사무처장 추천자 1명
- 대법원 판사 전원 합의로 임명된 정년퇴직한 판사 1명
- 상원의 동의를 받아 주지사가 임명한 자로 다음 요건에 해당하는 자 12명
  * 인사관리에 경험이 있는 자 1명
  * 노동조합을 대표하는 자 1명
  * 소기업을 대표하는 자 1명
  * 연간 평균 사업규모 1백만 달러 이상 사업체 대표the chief executive officer 1명
  * 의료산업분야the Health Care Industry 대표자 1명
  * 농업분야 대표자 1명
  * 60세 이상자 2명
  * 3급 군(작은 군-추후 설명)의 주민으로 미주리강 이북 출신과 이남 출신 각 2명(미주리강은 미주리 주의 중앙부에 흐르는 강)
- 한 정당 소속원이 6명 이상을 초과할 수 없으며, 3급 군

을 대표하는 주민 2명은 각기 다른 군 출신이어야 한다.
　- 주 정부를 비롯한 각급 정부기관 공무원이나 각 위원회 위원, 그리고 로비스트(추후 설명)는 위원이 될 수 없다.

　이렇게 구성된 심의 위원들이 선출직 공무원의 보수를 심의·결정한다. 공무원 제도와 보수에 대해서는 뒤에 또 다른 설명이 나온다.

4) 의원 보좌관제와 학생 인턴제

　주 정부 건물의 본 청사Capitol 외형은 웅장하며, 각 주의 청사 모양이 대개 비슷하다. 본 청사에는 주지사와 부지사 및 두어 개의 장관실을 제외하고는, 상원Senate과 하원House of Representative이 양쪽으로 대칭되게 자리 잡고 있고, 각 부처는 대개 본 청사 주변에 자리잡고 있다. 본 청사에는 양원의 의사당과 의원들의 사무실이 주로 자리 잡고 있고, 양원의 의사당 내부 또한 웅장·화려하다. 대개 1백 년 이상 된 건물인데 기초공사 할 때의 사진과 지하에 매설된 파이프 등 주요 자재의 견본을 벽면에 전시해 놓고 있거나, 전시 코너를 따로 마련해 놓고 있다.

　캔자스 주의 경우, 3~4평의 작은 방 하나에 의원 3명씩을 수용하고 있고, 상원은 정규 사무실을 여러 칸으로 작게 나누어 1인 1실씩 제공하고 있다. 하원의 경우 의원 3명당 1명의

보좌관Secretary을 회기 중에 한하여 임시 고용하게 하고 있다
(상원은 1인 1명).

당시 이들 보조 직원의 보수는 개인별로 자격과 능력에 따라 2주당 최저 181달러에서 최고 1,206달러까지 여러 단계로 나누어져 있었다. 또한 시간제 근무라도 10년 이상 의회에 근무하고, 65세 이상 부터는 월 15달러 × 근무연수 = 금액의 연금을 월 단위로 지급하고 있었다. 이것을 회기 고용 연금 Session Employ Pension이라 한다. 그러나 2주당 181달러를 받는 사람이나 1,206달러를 받는 사람이나, 연금 수령 액수는 차이가 없는 모순 때문에 이 점에 대한 개선을 시도하고 있었다.

그런데 보조 인력을 쓰는 것과 관련해 두 가지의 기발한 프로그램이 있는데, 사환제Pagers Program와 인턴제Intern Program가 그것이다. 전자는 12세 이상의 초등학생부터 고등학생까지를 대상으로 의사당 안의 잔심부름을 하게 하는 프로그램이다. 일손 해결의 뜻도 있지만 학생들에게 사회교육 기회를 주는 제도이다. 이 프로그램은 학생들에게 대단히 인기가 좋아 1인 1회(1일) 근무를 원칙으로 하며 의원들에게 추천 인원을 배당해 준다. 캔자스 주에서는 학생들에게 수당으로 1인당 3달러씩 지급했었다.

인턴 프로그램은 정치학 계통의 전공 대학생들을 대상으로 회기 동안 의원들의 일손을 돕게 하는 것이다. 연구조사 업무 보조나 지역구에 각종 기사 송부 등 간단한 업무를 맡기는데, 이 또한 일손도 해결하며 학생들에게는 의정 활동에 대한 교육기회를 제공하는 데 큰 의의를 두고 있다. 이 프로그램도

미주리 & 캔자스 주 청사 사진

학생들에게 인기가 높고, 학생들은 이 프로그램에 참가한다는 사실 자체를 큰 영예로 받아들인다. 인턴 프로그램 참가 시에는 별도 수당은 지급하지 않으며, 자동차 왕복 유류대만 지급한다. 물론 위의 두 프로그램은 주 전역의 학생들을 대상으로 한다.

이런 프로그램의 기본계획은, 캔자스 주*를 예로 들면, 의회 운영의 모든 방침을 결정하는 기구인 '의회조정위원회Legislative Coordinating Council(LCC)'에서 정한다.

미국에서는 '여당' '야당'이라는 표현을 쓰지 않고, '다수당 Majority' '소수당Minority'이라는 표현을 쓴다. LCC는 다음과 같이 7명으로 구성되어 있다.

－ 상원 3명: 의장President of the Senate, 다수당 리더, 소수

---

* 캔자스 주: 2010년 현재 인구 － 280만 2,134명(50주 가운데 33번째), 주 상원 의원 40명, 하원 의원 125명, 연방 하원 의원 4명(인구자료: www.census.gov).

당 리더

- 하원 4명: 의장Speaker, 부의장Speaker pro tem, 다수당 및
  소수당 리더

이들은 의회 운영에 절대적인 권한을 갖고 있다. 의회가 내분 없이 잘 운영되도록 하기 위해 이들에게 의회 내부 통제가 가능한 막강한 힘을 부여했기 때문이다. 이 기구가 어떻게 기능하는지 앞으로 눈여겨보기 바란다.

5) 의회의 운영, 원내 규칙 등

미국에서는 의회의 회기를 정하거나 명절을 정할 때도 이채로운 방법을 쓰고 있다. 필자는 이런 방법을 불변적 가변성 원칙이라고 이름 붙여 본다. 날은 분명히 영구불변으로 정해져 있는데 날짜는 늘 바뀐다. 이를테면 우리의 추석은 음력 8월 15일로 고정되어 있다. 그러나 미국의 추수감사절Thanks-giving Day은 11월 넷째 주 목요일로 날은 확실하나 날짜는 늘 변한다. 그래서 미국의 택일 문화는 불변적 가변성 원칙에 근거하고 있다고 나름대로 정의해 본 것이다.

의회의 개회 일자와 회기도 이런 식으로 정한다. 짝수 해에는 1월 두 번째 월요일에 개회하여 회기를 90일 간으로 정하고 있다. 홀수 해에는 아무런 규정이 없으나 통상 짝수 해와 같이 운영된다. 그렇게 정한 이유는 분명치 않으나, 의원들의

차기 출마 활동을 편하게 하고자 한 것이 전통적으로 내려오고 있는 것으로 보인다. 미주리 주는 개회 일자를 1월 첫 번째 월요일 다음에 오는 첫 번째 수요일로 하고, 폐회는 5월 30일로 하되 5월 첫 번째 월요일 다음에 오는 첫 번째 금요일 오후 6시 이후에는 어떤 법안도 심의하지 않는 것이 원칙이다. 이 경우에도 회기는 90일에서 100일 정도로 우리의 120일보다 짧다.

어쨌든 이런 식으로 개회되는데, 매일 회의를 시작할 때에는 채플린Chaplain(기도목사)이 짧은 기도를 하고 회의에 들어간다. 상·하원이 대개 채플린을 1명씩 위촉하는데, 당시 이들에게는 2주당 270달러(KS) 또는 월 650달러(MO)의 수당을 지불하고 있었다. 미주리 주는 하원의 경우 목사 1명과 신부 1명, 이렇게 2명에게 위촉하고 있었다. 그리고 이들의 기도문도 기록으로 남긴다.

기도 후에는 국기에 대한 맹세, 전날 회의록에 대한 수정 여부 확인, 그리고 방청객 소개에 들어간다. 자기 지역구에서 온 방청객이 있는 의원들은 의장으로부터 차례로 발언권을 얻어 이들 방청객을 소개하면, 모두 박수로 환영해 준다. 이런 절차를 거친 다음 회의를 시작한다. 의회가 개회되면 주지사가 연두 연설을 하게 되는데, 주지사가 의회를 방문하는 것은 대통령이 국회를 방문하는 것과 똑 같은 의례로 진행된다. 주지사는 특별한 경우 외에는 의회에 별로 모습을 드러내지 않는다. 주지사가 연초 주정연설을 할 때에는 양원 합동 회의에 대법원 판사 전원이 배석한 채, 주지사가 입장해서 착석할 때까지 모두 기립 박수로 환영한다. 그리고 주지사는 프롬프트를 통해 연설한다.

원래 미국에서는 동부의 몇 개 주를 제외하고는 전통적으로 주지사를 의회에서 1년 임기로 임명하다가, 차츰 임기도 늘리고 나중에는 전 주민의 직선제로 제도를 바꾸어 왔기 때문에, 의회 우월적 정서의 잔재가 한동안 지속되었다고 한다. 그런 역사적 배경에도 불구하고 집행부의 장이자 주 정부의 수반인 주지사를 그렇게 예우하는 모습은 보기에도 좋았다.

의회의 두드러진 모습은 집행부에 대한 질의보다 주로 의원들의 토론 중심 회의라는 점이다. 상임위원회는 주에 따라 20개에서 40여 개가 있는데, 법령을 입안할 때는 각계의 전문가와 관계자의 의견을 듣는 것이 많고, 의원들이 직접 실무직원처럼 일하는 분위기이다. 의원들의 차량을 보면 모두 보통 차량이다. 낡은 반트럭, 밴, 소형 승용차 등 낡고 허름한 차를 흔히 볼 수 있다. 그저 평범한 보통 사람들의 모임임을 직감케 한다.

의원들의 집행부 간부에 대한 태도는 대단히 부드럽고 우호적이며 예의가 바른데, 이 또한 배울 점으로 보였다. 그러나 의원 자신들의 행동 규범은 엄격하다. 미주리 주 하원 원내 규칙을 보면;

- 의사당 안에서 남자는 반드시 정장을 하고 넥타이와 상의를 꼭 착용해야 하며, 여자는 드레스나 스커트 또는 슬랙스를 스웨터 등과 같이 입어야 한다.

- 회의장 안에는 신문이나 음식·음료 등을 갖고 올 수 없
  다.
- 토론할 때에는 상대방의 이름을 불러서는 안 되고, 대신
  출신 구 이름을 불러야 한다.
- 단상으로 올라가려면 의장의 허락을 받아야 한다.
- 의장의 허락 없이는 회의장 안에 전화기나 녹음기 또는
  사진 장비를 들여올 수 없다.
- 발언하는 의원과 의장의 사이를 가로질러 가지 못한다.

이 밖에도 서로 토론하는 두 의원 사이를 지나가지 않는
것도 기본 예의로 되어 있다.

시의회로 가면 더욱 엄격한 규율이 있다. 이는 시·군 단위
를 논할 때 소개하기로 하고 회의록에 대해 잠깐 언급하면,
본 회의의 회의록은 저널Journal이라고 하고, 상임위원회의 회
의록은 미니츠Minutes라고 부른다. 그런데 이들은 회의록을 우
리처럼 숨소리만 빼고 다 적는 것이 아니라 주로 줄거리를 적
고, 예민한 사안은 상세詳細 속기를 한다.

6) 의회의 감사 기능

미주리 주는 감사관State Auditor이 선출직인데 캔자스 주는
감사 기능이 의회에 속한다. 캔자스 주의 경우를 보면, 의회
에 상·하 의원 각 5명씩 10명으로 구성된 '의회감사위원회

Legislative Post Audit Committee'가 있어, 이 위원회에서 감사관을 선정하고, 이들의 보수는 LCC(의회조정위원회)에서 결정한다. 감사위원회 위원은 다음과 같이 구성되어 있다.

- 상원의장 임명자 3명, 상원 소수당 리더 임명자 2명
- 하원의장 임명자 3명, 하원 소수당 리더 임명자 2명

이들은 대개 각 상임위원회 의장들로 임명된다. 감사관 산하에는 약 20명의 직원이 있는데, 이들은 LCC의 승인을 받아 감사관이 임명한다. 여기서 다수당 또는 소수당 리더라 함은 우리 식으로 말하면 각 당의 원내대표를 말한다.

감사에 대해 잠시 언급하면, 감사는 세 갈래로 나뉜다. 재무감사Financial Audit, 실적감사Performance Audit, 그리고 순응·통제 감사Compliance & Control Audit로 나누어 실시하는데, 재무감사는 주로 공인회계법인Public Accounting Firm에 용역을 주어 감사를 하고 드물게는 공인회계사를 임시 고용하여 감사하기도 한다. 감사관이 선출직인 미주리 주의 경우도 감사 내용과 방법은 모두 같고, 감사 영역은 법원까지 포함한 주 정부 내 각급 기관과 감사 기능이 없는 군을 대상으로 한다. 이 경우는 군의 의뢰로 감사를 하는 것으로, 일종의 위탁 대행 감사다. 미주리 주의 경우 114개 군이 있는데 주 정부에서는 그 가운데 93개 군만 감사하고, 그 밖의 군은 자체로 감사한다. 감사 주기는 규정상으로는 2년 1회이나 실제로는 연 1

회 감사하는 경우가 많다고 한다. 미주리 주의 헌법에는 재무관에 대해서는 연 1회 감사를 하도록 규정하고 있다. 감사 기준은 연방 정부의 '정부감사기준Government Auditing Standard'을 채택하고 있는데, 미국의 감사 기준의 특징 가운데 하나는 개인 사생활은 문제점이 인지되어도 전혀 문제 삼지 않는다는 점이다(MO, KS).

7) 의회사무국

의회사무국은 어떻게 짜여 있을까. 미주리 주는 상·하원이 사무국을 따로 갖고 있고, 캔자스 주는 상·하원이 하나의 사무국을 갖고 있다. 캔자스 주의 경우, 감사관Legislative Post Audit 아래 다음과 같이 구성되어 있었다.

- 의회행정실Legislative Administrative Service(10명)
- 입법조사과Legislative Research Division(34명)
- 법제실Reviser of Statute(26명)과 상·하원 의장 직속의 상원서기Secretary of Senate와 하원서기House Clerk

위의 각 실과는 LCC(의회조정위원회) 산하에 있다. 따라서 위의 각 실과장은 LCC에서 임용하며 각 실과의 직원은 해당 과장들이 LCC의 승인을 받아 임용한다. 이들은 모두 별정직 Unclassified으로 분류되나 처우는 일반직Classified과 같다.

8) 로비제도Lobbying System

　의회를 설명하면서 빼놓을 수 없는 하나의 제도가 있다. 바로 '로비제도'이다. 로비제도는 이해를 달리하는 조직이나 집단이, 자기 이익을 옹호하고자 정책 입안자나 결정권자에게

캔자스 주 의회 사무국 기구표

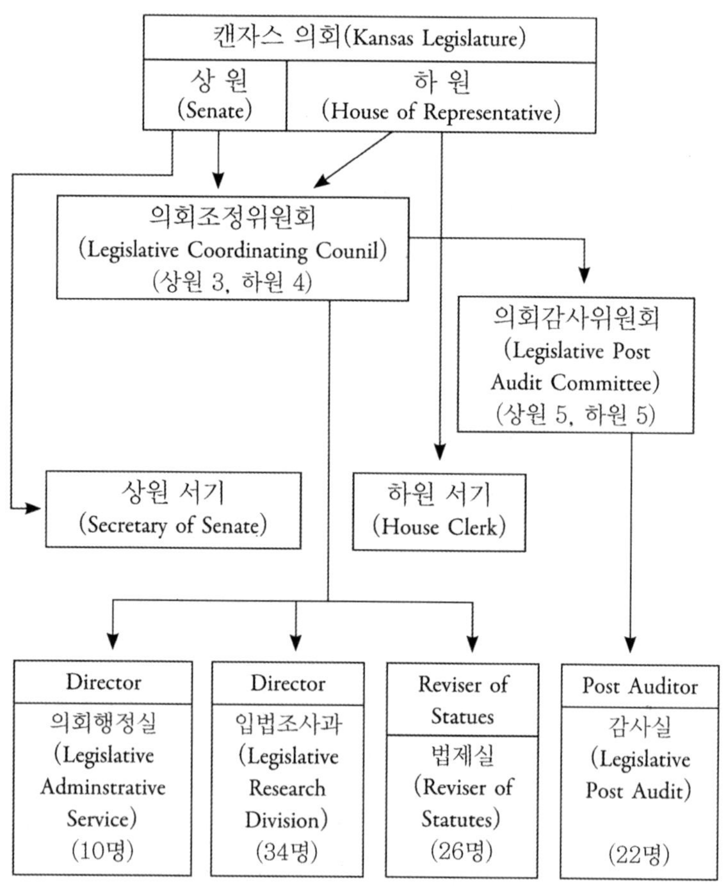

각각 자기의 입장을 호소하고 상대방을 설득할 정당한 통로를 보장해주는 제도이다. 어느 사회의 어떤 조직이나 집단이든지 자신의 이익을 옹호하고 주장하려는 노력과, 이를 위한 교섭 활동은 조직 생리상 지극히 당연하고 자연스러운 것이다. 로비제도는 자기 이익을 위해서는 떳떳이 교섭할 수 있도록 하고, 그 교섭에 투명성을 기하도록 한 제도이다.

예를 들어 값싼 외국 농산물 수입을 놓고 농민 쪽에서는 반대 입장을, 곡물 수입업자 쪽에선 수입하려고 애쓰는 상황이라고 하자. 이들은 서로 관계 기관에 자기 쪽 입장을 설득하려고 노력한다. 이 경우 정책 입안자나 결정자는 로비스트 Lobbyist를 통해 양쪽 입장을 다 들을 수 있어 균형 있게 판단할 수 있는 이점이 있다.

그러나 로비제도가 없는 나라에서는, 정책 입안자나 결정자에게 양측이 각기 자기 입장을 떳떳이 전달할 통로가 없으므로, 어떤 연고를 찾아 어렵사리 접근하거나 그나마도 이루지 못하는 경우가 있을 것이다. 이렇게 되면 정책을 다루는 측은 한쪽 주장만을 접하기 쉽고, 소신껏 결론을 내린다 하더라도 판단에 균형을 잃어 결과적으로 편파적 결정의 오류를 범하기 쉽다. 또 그런 접근 통로가 공식화되지 않아 이른바 유착癒着 등의 부조리한 행태로 비춰진다. 또한 자기 이익을 옹호하려는 마땅한 섭외 활동도 무조건 의심하고 지탄하며 죄악시하게 된다. 자기 입장을 공식적이고 손쉽게 전달할 통로가 없어 시위의 방법으로 호소하기도 하는데, 바로 이런 경우가 제도적 미비가 가져오는 불행의 한 사례다.

미국에서는 각 이해 집단은 물론이고 시·군도 주 정부(의회)에 로비스트를 파견하기도 한다. 시 연합이나 군 연합과 같은 기관도 소속 회원단체를 위해 공식적으로 로비활동을 한다. 그런데 이 경우 로비스트는 반드시 주 정부(윤리위원회)에 등록을 하여야 한다. 그리고 교섭할 어느 의원에게 얼마의 비용을 쓸 것인지도 사전에 등록하여야 한다. 또 교섭을 한 뒤에는 실제 사용액을 다시 수정해 보고해야 한다. 이런 보고는 회기 중에는 월 1회, 비회기 중에는 6개월 단위로 해야 한다.

로비대상인 의원은 몇 가지 금지 조건을 빼고는 로비스트로부터 얼마든지 향응과 대접을 받을 수 있다. 금지 조건은 현금과 40달러 이상의 선물, 국내외 여행 등 교섭 수준을 넘는 뇌물성 대접은 받지 못한다는 것이다.

캔자스 주에는 등록된 로비스트가 6백여 명이 있고, 미주리 주에는 약 2천 2백 명의 등록된 로비스트가 있다. 캔자스에서는 로비스트가 회기 동안에는 반드시 명찰을 달고 활동하도록 되어 있다. 미주리 주는 부처별, 기관별로 과장급 간부를 대개 2명 이상 의회에 로비스트로 등록해 놓고 있어 상대적으로 숫자가 많다. 2천 2백 명 가운데 1천 5백 명은 '제한활동 로비스트Limited Activity Lobbyists'라 하여 6개월 동안의 로비 비용을 단돈 50달러 이내로 쓰겠다고 신고한 그룹으로, 대개 주 정부 과장들이 이에 속한다. 그런데 필자가 확인해 본 바로는 다른 로비스트들이 신고한 로비 비용도 사실 그다지 많지 않은 액수였다.

로비스트에는 개인 로비스트와 기관 로비스트가 있다. 개인 로비스트는 계약을 체결함으로써 각 회사, 사회단체, 자치단체를 대표하기도 한다. 또한, 한 사람이 동시에 여러 개의 기관·단체·회사의 로비를 맡기도 하는데, 어떤 로비스트는 7개 업체나 기관을 대표하는 경우도 있다. 기관 로비스트는 시 연합, 군 연합과 같은 기관이 회원단체를 위해 로비활동을 하는 것으로 각 연합의 대표와 간부 1명씩을 로비스트로 등록해 놓고 활동하는 경우이다. 미국 안의 이른바 공익단체라고 하는 전국 주지사연합the National Governor's Association, 전국 군 연합the National Association of Counties, 전국 시 연합the National League of Cities 등의 단체도 사실은 정부 내 로비집단으로 활동한다. 로비활동의 근거 법령으로는 주마다 윤리법 또는 윤리 및 로비 활동법 등이 있다.

로비스트들이 신고한 내용은 열람을 원하면 누구나 열람할 수 있게 되어 있다. 로비제도는 그 운영 실제로 매우 투명하게 운영되고 있다.

9) 의회의 설비와 장비

캔자스 주와 미주리 주 의회의 설비 가운데 이채로운 점이 있다. 캔자스 주의 경우 의석에 개인별로 전화기가 설치되어 있어 회의하는 동안에도 늘 업무 연락이 가능하다. 이 전화는 전화가 올 때, 벨 대신 빨간 불빛이 반짝이게flash 되어 있다.

미주리 주는 하원 의원들에게 노트북을 1인 1대씩 지급해서 모든 의석에 노트북이 놓여 있다. 그리고 의회 안에는 아주 작은 규모의 상설 노트북 컴퓨터 교육장이 있어 의원들이 컴퓨터 작동에 대해 물으면 언제든지 가르쳐 줄 수 있게 해놓고 있다.

10) 의회 개방, 의회를 찾는 많은 사람들

미국 사회는 어디를 가나 어느 행사장을 가나, 심지어 군부대나 경찰관서를 찾아가도 딱딱한 데가 없다. 의회도 마찬가지다.

주의 본 청사Capitol에는 일 년 내내 청사 구경을 하러 오는 관광객이 끊이지 않아, 청사 안에 별도의 안내 코너가 있고 전담 가이드도 여러 명이 있다. 가이드는 시간대 별로 청사 곳곳을 안내·설명하며, 더욱이 의회의 회기 동안에는 관광객이 대단히 많아 30분 단위로 또는 시간에 관계없이 단체관광 팀별로 안내해 준다. 그러자니 안내 요원이 많이 필요하다. 캔자스 주지사 집무실 옆에는 아예 주지사가 관광객이나 수학여행 온 학생들과 사진을 찍기 위해 집무실처럼 꾸며놓은 방이 따로 있다. 많은 사람들이 그 방을 진짜 집무실로 느끼게끔 꾸며 놓았으며 비서도 배치하여, 일반 관광객은 그곳이 실제 주지사실인 줄로 알고 간다.

　의회의 방청석은 관광객과 학생 단체 견학팀으로 하루 종일 붐비는데, 질서 통제만 할 뿐이다. 단체 견학팀이 청사 안의 계단 통로에 주저앉아 도시락을 먹어도 아무런 문제가 없고, 공무 집행에 방해되지 않는 한 만류하지도 않는다. 캔자스 주에서는 필요하면 누구나 회의록을 가져 갈 수 있게 놓아둔 창구가 있다. 미국에서는 의회건, 집행부건, 법원이건 모두 공개 원칙이다. 그러므로 미국에서는 웬만한 정부 자료는 아주 손쉽게 구할 수 있다. 필요한 자료를 요구하면 아주 친절하게 팩스나 우편으로 보내주는데, 이런 협조는 공개회의 원칙Open Meeting System에 따라 가능한 것이다.

11) 공개회의 원칙Open Meeting System

　이 제도는 한마디로 법률로 특별히 금지하지 않는 한 모든 회의나 기록은 공개하는 것을 원칙으로 하는 제도이다. 이 제도의 배경은 1966년 미 의회에서 제정한 '정보자유규정Freedom of Information Act(FOIA)'이 나오자 각 주에서도 이 제도를 본받기 시작한 것이다. 1968년 플로리다 주에서 제일 먼저 '백일하의 정부 규정Government in the Sunshine Act'이라는 이름으로 공개회의 원칙을 시행하자, 이때부터 이 같은 규정이 별칭 'Sunshine Law'라고 불리기 시작했고, 여러 주로 이 제도가 인기리에 확산되었다. 여기서 유래되었는지 플로리다 주를 'Sun-shine State'라 부르기도 한다. 그런데 일부 시의회에서는 이 공개회의 원칙이 지나치리만치 엄격하게 적용되기도 한다.

캔자스 주의 수도인 토피카Topeka 시의회의 경우 의원 수는 모두 9명이다. 그런데 이들은 공개회의 원칙에 따라 9명의 정족수(5명)의 반을 이루는 수(3명)의 의원은, 사사로이도 만나지 못하게 되어 있다. 이것은 의사 결정에 영향을 미칠 수 있는 수의 의원은 사적인 접근도 차단함으로써 모종의 담합을 꾀하는 것을 미리 방지하는 데 그 취지가 있다. 그러면 지방의회(시의회)를 더 자세히 살펴보기로 한다.

2. 시의회

1) 의원 수 · 임기 · 정당표방 문제

시 의원 수를 논하려면 먼저 시 정부 형태부터 언급해야 더 체계적인 설명이 되겠으나, 시 정부 형태는 집행부를 논할 때 설명하기로 하고 우선 몇 개의 시를 예로 들어 설명해 보고자 한다.

토피카 시(인구 약 12만 2천 명)의 경우, 시 의원은 9명인데 각 구역별로 선출되고, 5명은 홀수 해에 4명은 그 다음 홀수 해, 곧 2년 간격으로 선출되며 임기는 4년이다.

시장과 시 의원은 모두 정당 표방이 금지된다Non-Partisan Election. 이들은 정당에 소속될 수는 있으나 투표용지에 소속 정당을 표시하지는 못한다. 한편, 미주리 주의 수도인 제퍼슨 시Jefferson City의 경우, 시 의원이나 시장 모두 정당 표방을 하도록 되어 있는데, 이런 경우를 정당 표방 선거Partisan

Election라 한다.

정당을 표방할 수 없는 선거의 경우에도 일차 선거 또는 예비선거Primary Election에서 최상위 득표자 2명을 가려내고 마지막 (총)선거General Election에서 최종 당선자를 가려낸다.

제퍼슨 시는 인구가 약 4만 6백 명의 작은 시이지만 의원 수는 구역당 2명씩 10명인데, 이들의 임기는 2년이다. 이들도 임기 제한이 있어 1인당 8년만 의원 활동이 허용된다(봉급은 당시 월 450달러, 1달러당 1,200원으로 환산하면 54만원).

미국 시의회의 의원 수는 시 정부 형태에 따라 다소 다르나, 소도시는 5~9명, 좀 더 큰 시라 해도 대개 10명 안팎이다. 인구 40만 또는 50만 명 안팎의 시도 대개 13명(Kansas City, MO), 또는 28명(St. Louis, MO)정도였다. 미국에서 제일 큰 시의회가 뉴욕(51명)과 시카고(50명)이지만, 이들은 우리의 광역시에 해당하는 규모이므로 사정이 다르다. 실제 몇 개의 시를 살펴보면 다음과 같다.

- 스프링필드(인구 15만 3백 명, MO) – 9명(시 전체에서 선출)
- 인디펜던스(인구 11만 208명, MO) – 7명(시장 포함 인원)
- 컬럼비아(인구 9만 1,814명, MO) – 7명(시장 포함 인원) (이상 2005년 현재 인구 통계)

2) 시 의원 선출 방법

시에 따라서는 시 의원을 구역별로 선출하거나, 시 전체 구역을 대상으로 최다 득표자 순으로 선출하기도 한다. 그런 가 하면 일부는 구역별로, 일부는 전체 구역에서 선발하는 혼합식 선출 방법을 쓰기도 한다(Independence City, MO). 구역별 당선자는 시 전체의 사정을 고려하기보다 출신 구를 돌보는 데 정신을 쏟는 나머지 출신 구의 심부름꾼Errand Boys처럼 되기 쉬우나, 시 전체 구역에서 당선되면 더 폭넓은 관점broader, citywide viewpoint을 갖게 된다는 점에서 선호되는 선출 방법이다.

3) 시 의원의 자격

이미 언급한 바와 같이 미국에서는 회사원 등 일반 봉급자뿐만 아니라 주 공무원도 시 의원이 될 수 있게 개방되어 있다. 토피카 시의 경우 실제 주 정부 시설관리 과장이 당시 시 의원이었으며, 주 정부 산하 직업훈련소 교사도 당시 시 의원이었다. 우리식으로 말하면 강원도청 공무원이 춘천시 의회 의원을 겸직할 수 있는 체제이다. 일반 봉급생활자도 학교 교사도 시 의원을 할 수 있는 것은, 이들의 회의 운영 방식이 이를 가능케 해주는 체제이기 때문이다. 무엇보다도 이들은 회의를 일과 시간 이후에만 진행하기 때문에 가능하다.

4) 회의 운영 방식

　미국 대다수의 시의회는 시장이 주재한다. 미주리 주의 경우 거의 모든 시의 시의회를 시장이 주재한다. 시 의원은 구역별로 선출되고 시장은 시 전체에서 선출되기 때문에 시장이 의회를 주재하는 것은 당연시 된다. 또는 시장이 시 의원과 동일시되기도 한다. 그것은 미국의 시 정부 형태가 우리와 같이 획일화되어 있지 않고 4개의 다른 유형으로 나뉘어져 있기 때문이며, 때로 시 의원 수에 앞에서 본 바와 같이 시장까지 포함하여 말하기도 한다.

　시 단위에서는 회기제가 없고 일상 회의 운영 체제이다. 회기제는 멀리서 와야 하는 회합의 어려움 때문에 필요한 제도이므로, 언제나 회합이 가능한 시 구역 안에서는 회기제를 꼭 시행해야 하는 건 아니다. 대개 주 2회, 작은 시에서는 월 1회, 이런 식으로 회의를 운영한다.

　회의는 ‘짧은 회의a short meeting’와 ‘긴 회의a long meeting’ 두 종류가 있다. 토피카 시의 경우, 소위 ‘a short meeting’은 매달 첫 번째와 세 번째 화요일 오후 5시 30분에 시작해서 보통 30분 정도로 짧게 한다. 일차 독회를 위한 가벼운 회의이다. 이른바 ‘a long meeting’은 매달 두 번째와 네 번째 화요일 오후 7시부터 시작해서 보통 10시에서 10시 반 쯤 회의를 마친다. 이때 회의는 TV로 생방송된다. 대개 모든 시가 고정된

TV 시정 채널이 있어 평상시에는 각종 시정 홍보를 하고, 의회 회의를 할 때에는 처음부터 끝까지 생방송을 한다. 이것도 공개회의 원칙에 따라 공개하는 것이며, 재방송도 꼭 해준다.

그러나 다음 세 가지의 경우에는 반드시 비공개 회의를 하도록 되어 있다. 인사人事에 관한 사안, 법무관의 자문을 받을 때, 그리고 재산 취득에 관한 사안은 예외적으로 비공개 회의가 원칙이다. 생방송 회의 때 의원들은 보통 오후 5시쯤에 모여 생방송에 대비한 사전 의견 조율 실무회의a Working Session 를 갖는다. 그리고 그 다음 본 회의부터 생방송을 시작한다.

시의회는 시정의 모든 원칙 결정과 당면 문제를 풀어나가는 시장 주재의 실질적인 실무처리 회의로 운영된다. 주요 민원도 민원인의 입장 설명을 직접 들으며 처리해 나간다. 의회가 원칙을 정하면 집행부는 그대로 시행해가는 체제이다.

무엇보다도 시를 얽어매는 모든 계약은 시장이 결재하기 전에 반드시 의회의 승인을 받도록 되어 있다. 이미 처리된 사안에 대해 나중에 집행부에 질의하는 식의 회의 운영이 아니다. 시장이 직접 회의를 주재하며 모든 일을 시 의원과 함께 결정한 사안들이므로 집행부에 질문할 것이 별로 없고, 주요 사안을 한 건 한 건 결론지으며 처리해 나가는 식이다. 따라서 매일 회의를 연다 하더라도 집행부에 아무런 부담이 되지 않는다. 오히려 중요한 방침이 늘 의회에서 정해지기 때문에 집행부가 일하기 편한 체제이다.

토피카 시나 제퍼슨 시에는 부시장 제도가 없다. 시 의원 가운데 1명이 시장이 부재중일 때 회의를 주재한다. 보통 1년 임기로 시 의원 가운데 부의장President pro tem을 선출하여 그가 부시장 역할(시장 부재중일 때 회의 주재)도 하게 된다.

5) 엄격한 규율

미주리 주의 수도인 제퍼슨 시의 헌장(시의 헌법에 해당)에 규정된 사례로, 시 의원들에게 집행부에 대해 대단히 신중한 처신을 요구하고 있다.

시 의원은 집행부에 어떠한 인사 청탁도 해서는 안 되며, 집행부의 직무에 간여해서도 안 된다. 공적이든 사적이든 집행부에 어떠한 지시도 할 수 없다. 만일 집행부에서 고발을 하게 되면 의원직 상실 등의 처벌을 받는다.

토피카 시도 마찬가지다. 시 의원은 민원인을 안내하는 등의 불가피한 경우를 제외하고 집행부 직원과 접촉하거나 사무실 방문, 전화 연락도 할 수 없게 되어 있다.

3. 군의 의회 기능

지금까지 주의회와 시의회의 이모저모를 함께 살펴보았다. 미국의 제도는 확실히 저비용의 절약형 구조이다. 더욱이 의원 수, 임기 제한, 시차임기제, 학생들을 통한 일손 해결과 교육 의도를 함께 성취하는 지혜, 철저한 행정 공개 원칙, 인간의 삶의 현실을 솔직히 인정하고 투명하게 제도화한 로비제도, 회의운영 방식, 시장이 시 의원과 함께 직접 문제를 해결해 나가는, 그래서 결과적으로 시장의 독선도 막고 시장을 외압으로부터 막아주는 실질적인 시의회 등 이 모든 제도와 행태는 우리에게 시사하는 바가 크다.

그런데 미국에는 극히 예외적인 경우를 빼고는 군에는 별도의 군의회가 없다. 군에는 군수 겸 군 의원의 역할을 하는 커미셔너Commissioner가 있다. 보통 3명(또는 그 이상)으로 구성되어 있는데, 이를테면 합의제 수장首長 제도이다. 이들이 의회 겸 집행부의 역할을 한다. 군에 대해서는 나중에 시·군을 논할 때 다시 언급하기로 한다.

 무엇보다도 미국의 의회를 이해하는 데는 그들의 정당 운영과 각 정당이 후보를 어떻게 가려내는지를 알아야 한다. 그리고 주 정부에도 선출 직위가 여러 자리 있으므로, 정당 운영의 기본 골격을 먼저 알아둘 필요가 있다. 그래야 비로소 풀뿌리 민주주의의 참뜻을 이해하게 된다. 그래서 제2부 집행부를 설명하기 전에 먼저 정당에 대해 간략히 설명하고자 한다.

※ 정 당

　미국에는 가장 전통 있고 대표적 정당인 공화당과 민주당이 연방 정부는 물론 각급 지방 정부에서도 서로 번갈아가며 집권한다. 미국에서는 의회나 집행부의 어떤 직위에 출마할 때 우리 나라와 같은 정당 공천제가 없다. 어떤 직위건 한 정당의 후보는 그 정당 지지자들이 투표로 정한다.

　누구든지 어떤 직위에 출마를 원하면 정해진 선거등록비를 내거나 일정 수의 유권자 서명을 받아 제출하면 된다. 그리고 당원이면 누구나 자기 당의 후보를 선출하는 과정에서 배제되지 않는다. 가령 공화당원으로 주의회 의원에 출마하고자 하는 이가 한 구역에 3명이 있다고 하자. 이럴 때 중앙당이 간여해 후보를 한 사람 골라 공천하는 것이 아니라, 그 지역의 당 지지자들이 투표로 한 사람을 선출한다. 여기서 선출된 사람이 그 당의 공천자, 즉 당을 대표하는 후보가 된다. 이 사람을 그들 용어로 지명자Nominee라 부른다. 이런 선출 과정이 이루어지는 것이 바로 예비(일차)선거Primary Election이다. 다른 당의 지명자도 같은 방식으로 선출된다. 이렇게 일차 선거에서 뽑힌 각 당의 후보자를 대상으로 2차(총)선거General Election에서 최종 당선자를 뽑는다. 그러므로 당의 후보 선정은 오로지 그 당 지지자들의 의사에 따라 결정된다. 당의 지휘부나 어떤 유력 인사의 영향력도 미칠 수 없게 되어 있는 제도다. 바로 정당 자체에도 분권화decentralization가 철저히 뿌리내린 것이다. 우리와 같은 하향식 공천제가 없는 것이 특색이다.

이들의 정당을 살펴보면, 정당의 기초 단위를 '프리싱트 Precinct(선거구)'라 한다. 한 프리싱트는 유권자가 약 5백 명을 이루는 단위다. 이 프리싱트 별로 남녀 각 1명씩 2명의 당무원 Committeeman and Committeewoman을 당원들이 투표로 선출하는데, 바로 이들이 정당의 핵심 구성원이다. 우리식으로 보면 지방 당조직의 지도장이 되는데, 그 지도장도 당원들이 직접 투표로 선출하는 것이다. 이 당무원들이 선거 때에 무보수로 자기 구역 안에서 포스터 부착 등의 선거 운동을 수행한다.

공화당 캔자스 주 당의 경우를 보면, 당시 주 당 사무실에는 당 사무국장Executive Director을 포함해 직원이 모두 5명뿐이었다. 주 당 사무국장은 140명으로 구성된 주 당 위원회에서 임명하며, 임기는 2년이지만 연임에 제한이 없다. 주당 위원회에는 27명으로 구성된 실무 위원회가 있다. 주 당 사무실에서는 주로 선거 자금을 모금하는 일을 하는데, 이들은 6주마다 한 번씩 당원이나 각 법인체에 모금 편지를 발송한다. 모금 편지에는 '□100달러, □50달러, □25달러, □기타' 항목이 있는데 내고 싶은 액수의 □에 '체크'로 표시하여 헌금 수표와 함께 보내달라는 내용이다. 당의 운영은 백 퍼센트 이와 같은 헌금에 의존한다.

다시 말하면 정당도 철저히 지방 분권화가 되어 있고, 당의 후보는 그 선거구 주민들(당 지지자들)이 직접 뽑는다. 어느 개인이나 또는 중앙당도 이에 간여할 수 없도록 정당 제도의 틀이 짜여 있다. 이런 풍토에서 선출된 선출직들은 연방 의회에서, 주 정부에서, 그리고 각 시·군의 각종 선출직위에서 공개 회의 원칙과 로비제도 등 투명한 제도 아래서 일하는 것이다. 그러므로 이처럼 정당의 민주화 정도가 곧 지방자치를 성공시키는 행정 외적 주요 요인 가운데 가장 결정적인 것이라 할 수 있을 것이다.

제2부

연방 정부와 주 정부의 집행부(행정부)

1. 연방 정부(행정부) 개요

주 정부의 집행부를 논하려면 미국 정부의 기본 골격과 연방 정부의 구성에 대한 개략적인 이해가 필요하다. 먼저 연방 정부라 하면 당연히 의회까지 포함되지만 이미 언급했으므로 집행부 위주로 그 기본 골격을 소개해 본다.

우리나라의 행정 계층구조는 4단계(중앙-시·도-시·군-읍·면·동)이나 미국은 3단계 구조(연방Federal-주State-시·군Local Government)이다. 먼저 용어부터 정리하면 'Local Government'란 개념은 우리나라 제도에서 본다면 일차적으로 시와 군만을 뜻한다. 따라서 우리나라의 도청은 영어로 표현할 때 'Local Government' 개념에 포함시켜서는 안 된다.

미국 연방 정부(행정부)의 구성을 살펴보면, 우선 대통령 직속 기관으로 백악관, 국가안전보장이사회, 경제자문회의와 예산관리실Office of Management & Budget이 있다. 그 밖의 직속 기구로 과학기술정책실, 환경이사회, 행정처, 무역대표실이 있다. 그리고 내각에는 농무부, 상무부, 국방부, 교육부, 에너지부, 보건부Health & Human Services, 주택 및 도시개발부, 내무부, 법무부, 노동부, 국무(외무)부, 교통부, 보훈부, 재무부, 이렇게 모두 14개 부처가 있다.

각 부는 'Department'라 부르고 각 부의 장관을 'Secretary'라고 부르는데, 법무부 장관만은 'Attorney General'이라 일컫는다. 비슷한 예로, 연방 대법원의 판사도 'Judge'라고 부르지 않고 'Justice'라 하며, 'Chief Justice'는 'Chief Justice of the Supreme Court'라고 하지 않고 'Chief Justice of the United States'라고 부른다.

각 부의 장관은 상원의 동의를 받아 대통령이 임명한다. 14개 부 외에도 행정부에는 대통령이 직·간접적으로 인사권을 행사하는 약 60개의 독립기관이 있다. 이들 독립기관은 헌법에 근거한 것이 아니라 현대 기술사회에 부응하고자 설립된 기구들로, 기구 성격상 3가지 유형으로 나뉘는데 단일 행정관형the Single Administrator Type, 위원회 형the Commission Type, 공사 형the Corporation Type 기관이 그것이다.

예를 들어 우주항공국(NASA)은 단일 행정관 형 기관으로 국장은 대통령이 상원의 동의를 받아 임명한다. 식품의약국 Food & Drug Administration(FDA)은 위원회 형으로, 대통령이 상원의 승인을 받아 임명한 위원들로 이루어진 위원회에 의해 운영된다. 이들은 시차임기제로 역임하며 대통령이 임의로 이들을 해고할 수 없게 되어 있다.

끝으로 공사 형은 체신청The U.S. Postal Service과 같이, 대통령이 상원의 동의를 얻어 임명한 임원회Board of Directors에 의해 운영되나, 위원회 형과 다른 점은 자체 사업수익으로 운영해 나가는 기관이라는 점이다. 이들 임원도 시차임기제 근무자들이다.

한편 대통령의 선출 방법은 잘 알려진 바와 같이 간선제이며, 복잡하고 흥미롭다. 미국이 대통령 선거를 선거인단Electoral College을 구성해 간접선거로 뽑는 지금의 제도를 택하기까지 많이 고심한 흔적이 역력하다. 각 후보들이 대통령 자질을 갖추고 있는지에 대한 변별력辨別力이 없는 아무나가 투표를 할 때의 문제점과, 이민자로 구성된 나라라는 특수한 국가 환경을 고려해 직접선거로 했을 때 받을 수 있는 외세의 영향을 우려해, 직접선거를 피하고 간접선거 방법을 지금까지 유지해 오고 있다.

대통령의 자격으로 중요한 하나의 요건은, 반드시 미국의 영토권 지역 안에서 태어난 사람이어야 한다는 것이다. 또 외국이나 공해상에서 태어난 경우에는 양친이 모두 미국인이어야 한다. 외국 국적으로 태어나 이민을 와서 시민권을 취득한 사람은 대통령으로 출마할 자격이 없다. 대통령 선거에 대해서는 나중에 기회가 허락하면 다시 언급하기로 하고 이제부터 주 정부를 소개한다.

2. 주 정부(집행부)

1) 주지사의 임기·선거

주지사는 주민의 직접선거로 선출되며 대개 임기가 4년(48개 주)이고 2년인 곳(2개 주)도 있다. 또 많은 주에서 주지사의 임기를 대개 2회(8년)로 연임을 제한한다. 당시 28개 주에서 이런 제한 제도를 갖고 있었는데 갈수록 늘어나는 추세다.

주지사의 자격 요건은 미주리 주의 경우 30세 이상인 자로 미주리의 시민권을 취득한 지 15년 이상이고, 10년 이상 거주한 사람이어야 한다. 당시 미국 주지사의 평균 보수는 연간 8만 7천 달러였다. 이는 1996년을 기준으로 파악된 수치이나 큰 변동이 없을 것으로 여겨진다. 왜냐하면 미국에서는 공직자가 자신의 임기 동안에는 자기의 보수를 인상하거나 인하하지 못하는 것이 상식으로 되어 있기 때문이다.

미국에서는 주지사나 주의 다른 선거직, 시장·군수를 선출할 때에도 투표를 한 번만 하는 것이 아니라 꼭 두 번씩 한다.

먼저 예비선거Primary Election에서 후보를 일차로 추려내고, 주민 총선거General Election에서 최종 당선자를 가려낸다. 당을 표방할 수 없는 선거Non-Partisan Election에서는 주민들의 일차 선거(8월)로 최고 득점자 2명을 가려낸 뒤, 11월 총선거에서 최종 당선자를 결정한다(캔자스 주 토피카 시의 경우).

당을 표방하는 선거Partisan Election에서 일차 선거는 각 당의 입후보자, 곧 예비 후보자들 가운데서 각 당의 지명자를 뽑고, 총선거에서 각 당의 지명자로 뽑힌 자 가운데 최종 당선자를 가려낸다. 주지사는 이런 방법으로 선출된다(MO, KS).

2) 집행부의 다른 선거직과 각종 선거 제어 장치

주 정부에는 몇 자리의 선거직(임기 모두 4년)이 있는데, 여기에도 면밀하게 여러 가지 제어 장치를 해 두고 있다. 미주리 주의 경우, 주지사·부지사 외에 법제사무처장, 검찰총장, 재무관, 감사관이 선거직인데, 재무관State Treasurer은 2회만 역임할 수 있게 제한을 두고 있다. 대부분의 선거직은 주지사와 선거 시기가 같다. 그러나 감사관State Auditor에 한해서는 주지사나 다른 주 정부의 선거직과 선거 시기를 달리 하고 있다. 감사관은 주지사 선거가 있은 지 2년 뒤에 선출한다. 감사관의 자격도 주지사의 자격 요건과 같은데, 일반 피선거권자의 연령 요건(연방 하원 25세, 주 하원 24세)보다 다소 높다

(주지사 30세, 연방 상원·주 상원 30세, 주 감사관 30세). 대개 감사관은 주지사와 정당을 달리 하는 후보가 당선되는 것 같았다. 미주리 주의 경우, 주지사 이하 주 집행부의 선거직이 모두 민주당 소속이었는데 감사관은 공화당 소속이었다.

미국에서는 부지사를 'Lieutenant Governor'라 하는데, 선거 방법과 역할은 주마다 조금씩 다르다. 캔자스 주에서는 부지사가 주지사의 러닝메이트로 출마하고 당락의 운명을 같이하나, 미주리 주에서는 주지사와 부지사가 독자적으로 출마하고 당락이 따로 결정된다. 그러므로 주지사와 부지사가 호흡이 잘 맞지 않는 상대로 짝지어지게 될 수도 있다. 미주리 주에서는 부지사가 연방 정부의 부통령처럼 상원의 당연직 의장이 되나, 캔자스 주에서는 상원 의장은 상원 의원 가운데서 선출된다.

모든 선거직의 출마자는 선거 등록비를 내야 하는데, 여기서 미주리 주와 캔자스 주는 큰 차이를 보인다. 미주리 주에서는 주 전역의 선거 대상 직위(주지사 외 주 정부 각 선거직)와 연방 상원 의원의 선거 등록비가 1인당 200달러, 연방 하원 의원은 100달러, 기타는 직위에 따라 100달러 또는 50달러인데, 캔자스 주는 출마 직위 봉급의 1퍼센트를 등록비로 부담해야 한다. 이를테면 캔자스에서 연방 의원으로 출마하려면 당시 봉급의 1퍼센트인 1,336달러를, 주지사로 출마하려면 봉급의 1퍼센트인 1,498달러(수속비 400달러 포함)를 내야 한다. 그러나 무소속으로 출마할 때는 등록비 대신 유권자 5

천 명 이상의 서명을 받아 제출해야 한다. 당에 소속된 자가 출마할 때는 등록비를 내거나, 지난번(그 전번) 주 법제사무 처장Secretary of State* 선거 때 자기 당 소속원 투표수의 1퍼 센트에 해당하는 당원들의 서명을 받아 제출해야 하는데, 이 것도 무책임한 출마를 막는 장치들이다. 각 선거직위의 기능 은 기회가 있을 때 언급하기로 하고, 집행부의 기본 골격을 살펴보기로 한다.

3) 집행부의 기구와 그에 대한 용어의 정리

주 정부 집행부의 기구는 50개 주가 다 제각각이다. 그러나 선출직을 제외한 공통적인 주 정부 기구의 기본 골격은 이러 하다.

주지사 산하에 각 부처가 있다. 부지사는 주지사의 독립 보 좌 격이다(MO, KS). 다시 말해 부지사는 각 부 업무에 대한 결재권이 없다.

주 정부 기구를 도표로 보면 다음과 같다.

---

* 연방 정부의 Department of State(국무부)는 우리의 외교부에 해당한다. 주 정부에서 Secretary of State(법제사무처장)로 지칭한 직위는 선거사 무, 관보 발간, 각종 기록 및 서고 관리, 주립 도서관 운영, 문장Seal 관 리, 법령 자료 편찬 업무 등을 담당하고, 캔자스 주에서는 로비스트의 등록 업무도 맡고 있다.

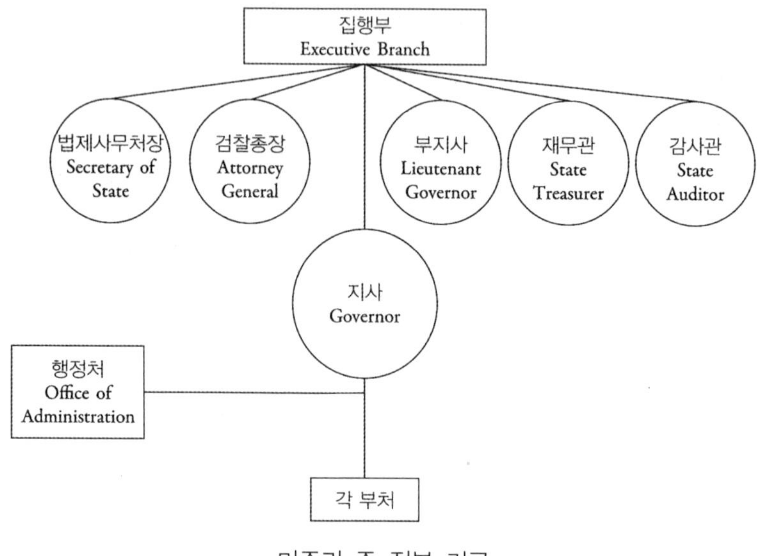

미주리 주 정부 기구

　여기서 먼저 각 부처의 조직을 우리나라의 도 기구에 맞추어 실국室局으로 볼 것인가, 아니면 각 부처로 볼 것인가에 대한 이견異見이 있을 수 있다. 결론은 각 부처라 부르고 각 부처의 장을 주 정부 장관으로 해석하는 것이 합당하다. 왜냐하면 그들의 기능이나 권한, 조직이 규모 면에서 우리의 중앙 부처와 맞먹기 때문이다. 또 연방제 아래 주 정부는 우리의 중앙 정부와 시·도 사이의 관계와는 아주 다르다. 그러나 '부'로 해석하면 중앙(연방)정부와 혼동되고 국가 사이 격格의 문제도 있고 해서 주 정부의 각 부처는 일단 '성省'으로 해석하기로 한다.

　주 정부 한 부처의 예를 들면, 미주리 주의 공공안전성Department of Public Safety 산하에 주 경찰청State Highway Patro l*, 수상경찰State Water Patrol, 소방본부Division of Fire Safety, 청사경비대Capital Police, 주 방위군 사령관Adjutant General, 주 류통제과Division of Liquor Control, 보훈처Veterans Commission 등의 기구가 있다. 미주리 주의 주 경찰청 안에는 범죄수사 대·경찰학교·과학수사연구소 같은 기구가 모두 포함되어 있 고, 본청에 5개국 주 전역에 9개의 지대가 있으며, 직원도 2 천 2백 명이 넘는다. 수상경찰과 청사경비대는 완전 별개 조 직으로 별도의 지대조직을 갖고 있고 제복도 서로 다르며, 계 급도 조금 다른 체계를 갖고 있다.

주 방위군 사령관 아래 우리의 민방위(방재)본부와 같은 재 난관리본부가 있다. 다른 부처들도 비슷한 조직 규모와 여러 기능을 갖고 있어 우리의 실국 체제와는 전혀 다르다. 따라서 이 방대한 조직과 기능을 가진 부서의 장을 장관이라고 부르 는 것이 옳다.

미국 주 정부의 기구와 장관에 대한 호칭이 각기 달라 직위 에 대한 혼선을 일으키기 쉽다. 48개 주에서는 성을 'Depart- ment'라 부르지만 켄터키 주는 'Cabinet', 버지니아 주는 'Secretariat'라 부른다. 장관은 50개 주 가운데 약 4분의 1은 'Director'로, 약 4분의 1은 'Secretary', 약 4분의 1은 'Commi- ssioner'로 부르고 그 밖에는 혼용한다. 또 어떤 주는 'Executive Director'라고도 한다. 강학적講學的 설명으로 'Commissioner'는 해당 위원회에서 뽑아준 장관을 말하나 실제로는 꼭 그렇지도

---

* Highway Patrol은 고속도로만 관장하는 기구가 아니고 주 경찰청을 말한 다.

않다.

미주리 주를 예로 들면 16개 부처가 있는데, 행정처, 농무성, 환경보전성, 형무 교정성Department of Correction, 경제개발성, 초중고등 교육성Department of Elementary and Secondary Education, 보건성, 대학교육성Department of Higher Education, 보험성, 노동산업성Dept. of Labour & Industrial Relations, 정신보건성, 자연자원성, 공공안전성, 세무성, 사회사업성과 교통성이 그것이다. 연방 정부는 14개 부로 이루어져 있지만 주 정부에는 16개 성이 있다.

그 가운데 행정처와 각 교육성의 장관은 'Commissioner'라 일컫고, 교통성의 장관은 'Chief Engineer'라 부른다. 그 밖에는 모두 'Director'라 부른다. 캔자스 주에서는 장관을 'Secretary'라 한다. 각 부처의 장관은 주지사가 상원의 조언과 동의를 받아 by and with the advice and consent of the Senate 임명하는데, 환경보전성, 초중고등 교육성, 대학 교육성, 정신 건강성과 교통성, 이렇게 5개 성의 장관은 주지사가 상원의 동의를 받아 임명한 위원회Boards or Commissions 위원들이 임명한다(MO). 이것은 장관의 권한도 견제하고 전문성 있는 인사들의 의견을 모으는 등의 여러 취지를 가지고 있는데, 뒤에서 위원회를 논할 때 다시 설명하기로 한다.

초중고등 교육성Department of Elementary and Secondary Education의 경우, 장관은 교육위원회The State Board of Education에서 임명한다. 이 위원회는 8명의 민간 위원으로 이루어져 있는데, 이들은 모두 주지사가 상원의 동의를 받아 임명한 사람들이다. 그런데 이들의 임기는 8년으로 시차임기제라 1년에 한 명씩 교체된다. 한편 이들은 한 정당 소속원이 과반수를 넘지 못하도록 되어 있어, 주지사가 위원을 교체할 때 자기당 소속 원만 임명할 수 없다. 게다가 자신의 임기 동안에는 오직 4명 만 교체할 수 있고, 그것도 상원의 동의가 있어야 한다. 이처 럼 주지사에게 권한은 주어졌어도 자동적으로 견제되도록 제 도의 틀이 짜여 있다.

각 성에는 장관과 차관이 있고 그 아래에는 국 조직 없이 바로 과Division가 있다. 캔자스 주 상무 주택성의 한 과는 10 명에서 20명 정도인가 하면 미주리 주 행정처의 한 과는 우리 나라의 국 규모보다 크다. 한 과의 직원 수는 대개 1백 명 정 도이고 많은 곳은 160명 정도로, 9개 과의 직원 수는 1천 명이 다. 이 밖에도 윤리위원회 등 약 10개의 방계조직이 있다. 과 아래에는 방대한 규모의 정부 인쇄소와 각 청사별 인쇄소의 지소(4개소: 일명 긴급인쇄소라 함)가 있고, 관용차 정비창이 있 는가 하면, 주지사 전용기(당시 7인승)와 행정처 업무용 비행기 2대도 관리한다. 각 성별 업무용 비행기는 성마다 따로 관리한 다. 필자가 그곳에 근무하는 동안 주지사의 특별 배려로 총무 과장의 안내를 받으며 주지사의 전용기로 청사 상공과 주변 도시 일원을 둘러볼 수 있도록 각별한 배려를 받은바 있어 지 금도 고맙게 생각하고 있다. 캔자스 주 행정처Department of Administration도 1천 명 가까운 직원이 있는 방대한 기구이다. 더욱이 캔자스 주 정부 인쇄소는 대단히 큰 시설로서 우리나

주지사 전용기 앞에서 행정처 총무과장(좌) 및 기장과 함께

라의 손꼽히는 인쇄 회사보다 훨씬 커 보였다. 필자는 한때 우리나라 최대의 인쇄소 몇 군데를 공무상 밤낮으로 드나들며 일한 적이 있어 국내 최대 인쇄소의 규모를 잘 알고 있는 터이다. 그러나 캔자스 주 정부의 인쇄소 시설은 독자들이 상상할 수 없을 만큼 대단히 크다.

4) 유사 독립기관Quasi-Independent Agencies

연방 정부의 기구를 논할 때 세 가지 유형의 독립기관 Independent Agencies이 있다고 했다. 주 단위에는 유사 독립기관Quasi-Independent Agencies들이 있다. 그 가운데 대표적인 것으로 미주리 주의 경찰이나 소방조직 그리고 윤리위원회 등을 들 수 있다. 그 밖에도 많은 기관이 있으나 경찰과 소방, 윤리 위원회에 대해서만 간략히 소개한다.

(1) 경 찰

경찰이나 소방이 직제상으로는 국 조직이 없는 체제에서 공공안전성의 하위 기관으로 장관의 지휘를 받고 있으나, 사실상 그 조직의 장의 인사 면에서는 독립기관처럼 다루어진다. 왜냐하면 경찰청의 장이나 소방 총 책임자는 주지사가 상원의 동의를 받아 직접 임명하기 때문이다. 그러면 경찰과 소방 조직을 살펴보자.

하이웨이 패트롤State Highway Patrol은 고속도로 경찰로 오해하기 쉬운데, 실은 주 경찰청을 말한다. 청장에 해당하는 직위는 'Superintendent' 또는 'Colonel'이라 부른다. 캔자스에서는 수사국Kansas Bureau of Investigation(KBI)이 분립되어 있으나, 미주리 주에는 수사국이 주 경찰청 안에 있고, 캔자스 주에는 10마리 안팎의 경찰견 분대Police Service Dog Union도 있다. 경찰견은 직원들에게 한 마리씩 나누어 주고 각기 집에서 관리하게 하며, 약간의 사료비를 지급해 준다.

미주리 주 경찰청 안에는 경찰학교Law Enforcement Academy (경찰관 등 교육기관)도 있다. 경찰 신규 채용자는 경찰학교에서 약 6개월의 교육을 받는다. 필자는 경찰학교 구내 식당에서 경찰청장으로부터 점심 대접을 받으며 교육생들이 식사하는 것을 보았다. 사관학교처럼 엄한 규율 속에 모든 동작을

절도 있게 움직이고 있었는데, 식탁에 앉을 때도 정돈된 상태에서 차례로 앉는 식이다. 식사는 카페테리아 식으로 식사 가지 수를 선택할 수 있게 되어 있고 식사 수준도 좋았다. 경찰학교의 식사 방식조차 획일적으로 강요되지 않는 탈획일화와, 무엇이든 자유롭게 선택할 수 있는 사회라는 것을 느낄 수 있었다. 학교의 시설도 간결하면서도 쓰임새 있게 구성되어 있었고, 특수 시설로는 실내 풀장이 있었다.

그런데 우리나라에서는 경찰이라는 용어가 단순하게 쓰이나 영어에서는 다르다. 시 단위의 경찰은 미국에서는 주로 ‘Police Officer’라 하고 드물게 ‘Policeman’이라 하기도 한다. 영국에서는 여왕의 나라답게 이미 오래전부터 ‘Policeman’이라 하지 않고 ‘Police Person’이라 한다. 그런데 군 단위의 경찰은 ‘Deputy’라 한다. 고속도로의 경찰, 즉 주 단위 경찰은 ‘Trooper’라 한다. 또 시의 경찰서장은 ‘Police Chief’라 하나 군의 서장은 ‘Sheriff’라 한다. 주의 경찰 총수는 앞서 언급한 바와 같이 ‘Superintendent’ 또는‘Ccolonel’이라 한다. 또 수상 경찰은 ‘Patrolman’이라 하고 대장은 ‘Commissioner’ 또는 ‘Colonel’이라 부르는데, Colonel은 계급을 부르는 경우가 된다.

시의 경찰서장은 시장이 임명하며 군의 경찰서장은 선거로 뽑는다. 간혹 시의 서장도 선거로 뽑는 곳이 있는데 이 경우는 ‘Sheriff’라 부른다. 결국 Sheriff라 하면 선출된 경찰서장을 뜻하는 것이 된다.

주 경찰청은 7계급으로 되어 있다. 이와 달리 수상경찰은 6계급으로 되어 있고 제복도 다르다. 미국은 아무리 큰 시라도 일단 지리적으로는 특정 군에 속한다(물론 지극히 드문 예외가 있음). 시카고는 쿡 군Cook County에, 마이애미는 데이드 군 Dade County에 속한다. 그런데 경찰은 군의 경찰과 시의 경찰이 분립되어 있다. 미주리 주의 콜 군Cole County과 이 군에 속한 제퍼슨 시Jefferson City의 경찰은 서로 유니폼도 다르고 복장 빛깔까지도 다르다.

경찰에는 청사경비 경찰Capitol Police 조직이 따로 있다. 이들의 임무는 각 정부의 청사를 지키는 것이다. 그러므로 미국에는 우리와 같은 당직 제도가 없다. 우리의 당직 업무를 미국식 사고로 보면 당직 기능을 전문화하고 전문 조직으로 하여금 전담하게 하는 식으로 개선되었을 것이다. 직원들이 돌아가면서 당직을 섬으로써 생기는 임무의 서먹함도 덜어주고 전체 직원의 불편 해소 등을 고려할 때, 그리고 당직 업무를 더 전문화·효율화할 수 있는 등의 이점을 생각하면, 전문화하는 것이 산술적 예산 절감 효과보다 더 큰 이득일지 모른다.

캔자스 주에서는 청사경비 경찰이 주 경찰청에 속하나 미주리 주에서는 별개의 조직으로 되어 있다. 우리와 같이 순환 보직 체계 아래서 인사교류도 하지 않는다. 수상경찰과 주 경찰청도 별개의 조직인데, 각 조직의 장은 상원의 동의를 받아 주지사가 직접 임명한다.

(2) 소 방

소방본부장에 해당하는 직위를 이들은 '파이어 마샬Fire

Marshal'이라 부른다. 소방본부도 공공안전성의 하부 조직이지만, 본부장은 주지사가 상원의 동의를 받아 직접 임명하므로 실제는 독립기관과 같은 수준으로 다루어진다(MO). 따라서 유사 독립기관Quasi-Independent Agency이라 할 수 있다.

소방본부에는 40~50명이 근무하는데, 소방관은 한 사람도 없고 모두 일반직이다. 캔자스 주도 그렇고 미주리 주도 그렇다. 소방관은 소방서에서나 볼 수 있다. 그런데 소방본부와 소방서의 관계가 우리와는 다르다. 상하 관계라기보다 협력 관계라 하는 것이 옳다. 소방본부는 큰 화재가 나면 해당 소방서에 내용을 알려 달라고 연락을 해서 진상을 파악한다. 소방서에서 소방본부장의 얼굴도 잘 모르는 경우도 있다.

필자가 캔자스 주에 있을 때의 일이다. 1996년에 캔자스 주 캔자스 시에서 국제소방관계관 회의와 소방장비 전시회가 열렸다. 그곳 소방본부장이 자신의 차로 현지 안내를 해주어 전시장을 둘러보다가 당시 경북 소방본부장과 경주 소방서장 등 우리나라 참가자들을 만났다. 그날 필자는 캔자스 주 소방본부장에게 우리 참가자들을 위해 시내 일원과 소방서를 보여줄 것을 부탁해 그분의 차로 함께 소방서를 방문하였는데, 그곳 서장도 자기네 소방본부장을 잘 알아보지 못할 정도였다. 이처럼 이들은 기관 사이에도 독자적이고, 서로를 대할 때 아주 수평적이다.

미주리 주 소방본부를 방문했을 때는 점심 대접을 받았다. 점심시간에 외부인인 필자를 의식해서 좀 각별한 메뉴를 정하는 것 같았다. 식단은 메기cat fish 튀김. 본부장 외에 부 본부장, 여비서, 다른 여직원 2명도 함께 식사를 하러 갔다. 본부장이 자기의 차(관용의 밴)로 직접 운전해서 모두 함께 타고 시내에서 약간 떨어진 식당에 갔다. 주 정부 단위에서는 주지사를 제외하고 모두 직접 운전한다. 각 장관도, 경찰청장도 직접 운전한다. 식사가 끝나자 모두 각자 계산을 하고 필자의 몫은 본부장이 자기 것과 함께 내주었다.

식사 얘기가 나온 김에 미국 직장의 점심시간 광경을 잠깐 소개하면, 주 청사 구내 식당에서 장관들과 차관들이 함께 식사하는 것을 종종 보는데, 늘 일반 직원들과 같이 줄을 서서 식판에다 음식을 직접 고르고 계산은 각자 따로 한다. 여럿이 같이 식사를 해도 계산은 꼭 각자 한다. 일부러 초청하지 않은 사람이 남의 식사 값을 내주는 것을 오히려 이상하게 여긴다.

미국의 직장에서는 직원들의 생일을 조사해서 표로 만들어 놓고 돌아가며 서로 축하해 준다. 생일인 직원에게 생일 축하 카드를 주고 카드에 복권을 하나 넣어 주기도 한다. 그리고 생일을 맞은 동료가 좋아하는 식당에 함께 가서 식사를 하고 모두 각자 계산한다. 이때 축하받는 사람의 몫은 각자의 계산서에 배분된다. 식당에서는 주문받을 때 미리 각각의 계산서를 준비한다.

그런가 하면 도무지 이해하기 어려운 해괴한 축하 방법도 있다. 빨리 늙어 사용하라고 사무실에 지팡이도 갖다 놓고, 상가집같이 검은 휘장을 둘러놓고 관까지 들여놓기도 한다.

우리 같으면 큰 싸움이 날 일이다. 그러나 이들은 그런 식으로 장난기 있는 축하를 해 준다. 친지 사이에는 선물을 주며 축하하는 것이 통례다.

다시 본론으로 돌아와, 소방본부에서는 주로 소방관 교육과 화재 조사, 위험물 관리, 그리고 방호 활동을 한다. 소방본부 근무자는 모두 일반직이지만, 캔자스 주의 경우 소방본부장은 제복 착용이 허용된다. 그러나 주로 평복만을 입고 다닌다. 부 본부장은 여자였는데, 이들은 주지사가 바뀌면 함께 바뀌는 자리이다. 미주리 주의 경우, 소방본부장과 위험물 등 검사요원은 제복 착용이 허용된다. 화재 조사를 위해 미주리 주 소방본부에는 3마리의 개(K-9s: Canines)를 관리하고 있는데, 이 개들은 화재보험회사에서 기증한 것이라 했다. 특이한 것은 보일러와 증기선 기관 검사Boiler and Pressure Vessel Inspection 권한을 소방에서 행사하며, 검사 요원은 모두 제복을 입는다. 미국에는 크고 작은 인공 호수도 많고 내륙 운하도 발달되어 검사할 선박이 많은 편이다. 화재 조사는 소방에서 하고 경찰은 경찰대로 조사한다.

어느 소방서든 소방차 조수석으로 올라가는 위치에 바로 발만 들이밀면 신발과 바지가 동시에 입혀지고 신겨지도록 내열복장을 내열장화 아래로 말아 놓고 있는데, 우리와 달라 특이해 보였다. 이는 출동 상황이 떨어지면 지체없이 내열복을 입고 차에 오를 수 있도록 한 것으로, 이런 준비는 어느 소방서나 모두 똑같았다.

　미국에서는 우리나라의 119를 911로 쓰고, 우리의 114는 411로 쓴다. 911은 사실 소방서와는 아무 관계가 없다. 미국에서는 긴급한 사태가 발생한 경우 모두 911로 연락하면 내용에 따라 해당 기관으로 연결되는 체계인데, 이는 제6부에서

소방차 옆에 말아 높은 내열복

더 자세히 설명하게 될 것이다. 그런데 소방 구급 활동만은 우리나라 소방관서의 봉사 자세가 훨씬 앞서 있다고 말하고 싶다. 미국에서는 소방서에 구급차가 없다. 구급차는 대개 개인 영업으로 운영하므로 한 번 이용하는 데 상당히 많은 돈을 내야 한다. 소방서 옆에 구급차가 서 있는 곳도 있으나 이것은 개인 영업자가 가장 이용도가 높은 소방서 옆에 출동에 편리하게 대기해 놓고 있는 경우다. 우리나라에서는 완전 무료 봉사를 하니 우리의 소방 구급·구난 활동에 감사해야 할 일이다.

미국에는 경찰서나 소방서 정문에 보초가 없다. 필자가 둘러본 형무소도 정문에 보초가 없었다. 그 대신 관공서에는 안내 데스크가 있어 모든 방문자를 체크한다. 더욱이 유치시설이 있는 경찰서에는 출입 검색문과 자체 CCTV 회로로 방문자를 감시한다. 일반 사무실에는 과 단위나 건물 구조상 필요한 자리에 꼭 안내 데스크Reception Desk를 설치해서 내방객을 안내하고 우편물을 접수한다. 이 자리는 점심시간에도 비우지 않는다. 그리고 전화선을 연결해 두어서 어느 과에서 전화벨이 3번 이상 울려도 받지 않을 경우, 이 안내 데스크에서 받을 수 있게 해 놓았다(KS 상무성). 전화는 직원 1인당 1개별 전화번호 체제이다.

소방에 관한 얘기는 이 정도로 하고, 사무실에 대해 좀 더 언급하면, 어느 사무실이고 점심시간에는 과마다 꼭 당번이 있어 사무실을 전부 비우는 일은 절대로 없다. 만일 직원 모두가 함께 나가야 할 사정이 있을 때는, 다른 과의 직원을 대신 당번으로 지키게 하고 나간다. 이 점은 대단히 철저히 지킨다. 그래서 근무 기강이 대단히 엄격한 편이다. 대개 비서들이 서무의 일을 보는데, 이들이 점심시간에 사무실을 지킨다. 미국에서는 출근시간이 8시이고 점심시간이 12시부터인데 비서들의 점심시간은 1시부터이고, 이들은 출근도 30분 일찍 하게 되어 있고 그 대신 30분 먼저 퇴근한다. 퇴근시간 엄수는 기본 상식이자 기본 수칙이다. 하위직 직원들 가운데는 일과 후 부업을 갖고 있는 사람이 많아 정시 퇴근이 불가피하다. 각 매장의 점원으로 일하거나 일반 사무실 청소 업무를 하는 사람도 있다. 그리고 사무실 청소는 우리처럼 아침에 하지 않고 꼭 퇴근시간 이후에 한다. 비서는 보통 과장급 이상에게 배치되는데, 이들은 비서라 하지만 서무의 일을 같이 본다. 사무실 구조에 따라서는 비서 책상이 안내 데스크 구실도 하지만, 비서들이 차를 끓이거나 나르는 일은 일절 하지 않는다.

미국에서는 사무실로 손님이 와도 차를 잘 대접하지 않는다. 필자가 미주리 주에서 만난 주 정부 장관급 이상의 관료만 해도 한 15명쯤 되는데, 그 가운데 차를 마시겠느냐고 한 사람은 6~7명 정도로 기억된다. 이때도 비서를 통해 한두 번 차 대접을 받았는데, 비서가 자진해서 무슨 차를 마시겠느냐고 물어서 갖다 준 경우이고, 대개는 장관이 자기 방에 있는 머그

잔을 들고 나가 직접 커피를 가져다주곤 했다. 미주리 주에서 1년 동안 있으며 주지사를 3번 만났으나 차 대접을 하는 체제가 아니었다. 당시의 멜 캐너한Mel Carnahan 주지사가 1997년 재선되고 처음 갖는 각료회의Cabinet Meeting에 필자도 참석할 수 있도록 호의를 베풀어 주어 참석했었는데, 주지사의 넓은 접견실에 둘러 앉아 회의를 할 뿐, 여기서도 차를 마시는 일이 없었다. 집무실에서는 도무지 차를 대접하는 체제가 아닌 것 같았다. 그 각료회의는 1백 년 이상 된 대리석 건물의 장엄하고 화려한 사무실 분위기에 주의 문장Seal이 크게 새겨진 카펫 위에 편한 자세로 둘러앉은 각 성 장관, 부드럽고 침착한 그리고 무게 있는 주지사의 발언으로 이루어졌는데, 참으로 자유스럽고도 무게 있는 회의였다. 과연 각료회의 다웠던 그 묵직한 회의의 인상을 잊을 수가 없다. 그러나 회의에 참석한 장관들의 몸가짐이나 태도는 모두 자유스럽고 부드러웠다. 이 자리는 자연스럽게 필자가 미주리 주의 전 장관에게 소개되는 기회가 되어, 그 뒤 각 기관을 방문할 때 장관들을 만나면 모두 구면이 된 셈이어서 대화하기가 서먹하지 않고 한결 수월했다.

미주리 주에서와 마찬가지로 캔자스 주에서도 차를 잘 대접하지 않기는 마찬가지였으나 어디든 예외는 있었다. 캔자스 주의 상원 의장을 방문했을 때 아주 융숭하게 차 대접을 받았다. 여기서는 커피와 홍차 두 가지를 준비해 포트 채로 차려 놓고 간단한 과자류도 내놓았다. 그 환대가 극진하였을 뿐만 아니라 볼펜 선물까지도 받았다. 뒤에 필자의 방문에 친절을 베풀어 주어 고맙다는 서한을 보내자, 온갖 예의를 다해 예우의 호칭Honorable까지 써 가며 답장을 보내 주었다. 그 뒤에도 늘 지극하고도 예의 바르게 우의를 표해 주곤 했다. 필자에게 각별히 친절했던 폴 버드 버크Paul Bud Burke 상원 의장과 영문학을 전공했다는 아주 현숙해 보이는 비서 슈 크리쉬Mrs. Sue Krische의 예의 바름과 친절에 대한 고마움을 영원히 잊을 수가 없을 것 같다.

일반 사무실의 직원들은 차를 저마다 구내 식당에서 사서 마시거나, 개인용 포트로 자기 칸막이 사무실에서 개별적으로 끓여 마시기도 한다. 미국에서 전기는 정말 물보다도 더 흔하게 쓴다. 사무실에서 개인 전열기를 써도 아무 문제가 없다. 미국에서는 장관이고 일반 직원이고 대개 큰 머그잔을 하나씩 갖고 있으면서 각 부서별로 마련된 주방을 이용하거나 구내 식당에서 커피를 사다 마신다. 회의 때는 각자 알아서 커피나 깡통 음료들을 갖고 들어온다. 보통 모든 회의에는 자기가 마실 음료를 스스로 준비해서 갖고 들어온다. 미주리 주에서는 사무실 구획마다 주방이 있어 직원들이 돈을 모아 커피를 끓여 놓고 각자 가져다 마시는 체제다. 이런 것도 모두 획일적으로 정해진 것이 아니고 각 부서마다 편리한 방법을 쓰고 있어 일률적으로 말하기는 어렵다. 그러나 좀 격식을 갖춘 회의에서는 뒷자리에 커피나 녹차 또는 주스와 도넛을 차려 놓고 마음대로 가져다 먹게 하는 것이 보통이다. 송별식을 할 때도 함께 송별 식사를 하거나(물론 각자 계산하면서), 청 내 회의실에서 케이크와 주스를 가져다 놓고 개별적으로 마시거나 먹으며 석별의 정을 나눈다.

특히 사무실 분위기에서 우리나라와 다른 점은, 저들은 사무실에서 일절 신문을 읽지 못하게 되어 있는 것이다. 라디오를 듣기 위해 귀에 이어폰을 꽂거나 리시버를 착용하는 것도 금한다. 그러니 사무실에서 신문을 구독하는 일은 절대로 없다. 가끔 건강 문제 등 직장 교양 강좌가 있기도 하는데, 그럴 때는 근무 시간 도중에 별도로 모여서 하는 것이 아니라, 꼭 점심시간을 이용해 듣고 싶은 사람만 각자 점심을 먹으면서 강의를 듣는다. 이처럼 전체 사무실 근무 분위기는 엄격하며, 분초를 신경 써 가며 대단히 밀도 있게 근무하는 분위기이다. 이 점은 양쪽 어느 주에서나 똑같았다.

(3) 윤리위원회

윤리위원회는 로비스트에 관한 업무와 선거 활동비 등록 및 공무원 재산 등록에 관한 업무를 담당하는 대표적인 유사 독립기구이다. 조직 체계상으로는 행정처장 아래에 있으나 윤리위원회 위원장도 주지사가 상원의 조언과 동의를 받아 임명한 위원들이 임명한다(MO). 윤리위원회는 6명의 위원이 6년의 시차임기로 이루어져 있고, 이들도 한 정당의 소속원이 과반수를 넘지 못하게 되어 있다. 그런데 이 6명을 뽑는 과정이 또한 이채롭다.

미주리 주의 경우, 각 정당이 9개 하원 선거구에서 선거구당 2명 이내로 추천한 후보 명부에서 주지사가 6명Nominees을 뽑아 의회의 자문과 동의를 받아 임명한다. 이 6명의 위원들이 윤리위원회(이 경우는 사무처를 의미하고 위원회와 명칭이 같음)의 사무처장Administrative Secretary을 선출한다. 사무처장의 임기는 6년 단임이며, 그가 22명의 직원을 임용한다.

이 위원회가 직제상으로는 행정처장 산하에 있으나 예산 편성 절차나 보고 계통상 행정처 소속으로 되어 있을 뿐이다. 이들의 업무에 대해서는 주지사도 간섭하지 못하게 명문으로 규정하고 있다. 따라서 이 윤리위원회도 유사 독립기구라 할 수 있다. 윤리위원회의 중요 임무는 로비스트 업무 외에 다음의 두 가지 기능이 추가된다.

① **공무원 재산 등록**Personal Financial Disclosure Statement **업무**

공무원 재산 등록 업무는 우리식 표현이고 용어 그대로 보면 공무원 재산 공개 업무이다. 이 제도도 주마다 조금씩 다른데 대강은 이러하다. 모든 선출직 공무원과 계장Manager급 이상 간부, 각 위원회 위원, 판사 등은 본인과 그 배우자의 재산을 공개(등록)하게 되어 있다. 미주리 주는 이에 더하여 정책 결정 부서의 공무원은 지위에 관계없이 모두 등록 대상으로 하고 있다. 등록 재산 범위는 부동산, 주식, 공채公債를 합하여 1만 달러가 넘을 경우 등록하여야 하며, 2백 달러 이상의 선물膳物도 공개하여야 한다. 이들은 재산의 내용만 등록하고 각 대상별 가액價額은 등록하지 않는다.

등록 시한에 대한 규정도 엄격하다. 미주리 주의 경우, 5월까지 재산 등록을 해야 하는데 만일 지체될 경우 30일 이내에는 하루 10달러씩의 벌금을, 30일이 지난 뒤에는 하루 100달러씩의 벌금이 가산된다. 캔자스 주에서는 재산 등록을 실질 소득 보고Statement of Substantial Interest라고 한다. 미주리 주나 캔자스 주 모두 보석이나 자동차 같은 동산은 등록 대상에서 제외되나 선물로 받으면 보고해야 한다. 이들은 신문에 등록 대상자의 재산 내역을 공개하지 않지만, 누구나 열람을 원하면 언제든지 열람할 수 있다.

② 선거 자금 등록Campaign Financing Disclosure 업무

이것도 미국식으로 표현하면 선거 자금 공개 업무다. 각 선거운동 진영에서는 접수한 모든 기금을 윤리위원회에 보고해야 한다. 누구든 선거 자금을 기부할 때는 선거자금공개법Campaign Financing Disclosure Law에 따라 25달러 이상은 반드시 수표로 기부해야 하고, 선거운동 진영에서도 50달러 이상 쓸 때에는 반드시 수표를 사용해야 한다.

그런데 미국은 모두 실명제 수표이다. 모든 수표에 이름, 주소, 전화번호가 인쇄되어 있다*. 그래서 모든 거래를 할 때 자동 영수 확인의 효과를 갖게 된다. 미국에는 저금통장이 없다. 적어도 필자가 살아본 곳에서는. 예금을 하면 통장 대신 자기 이름과 주소, 전화번호가 인쇄된 수표책을 받게 되고 이

* 수표도 여러 가지 색깔과 문양으로 되어 있는데 자기 마음에 드는 것을 직접 고르면 은행에서 주소, 전화번호와 이름을 인쇄해 준다.

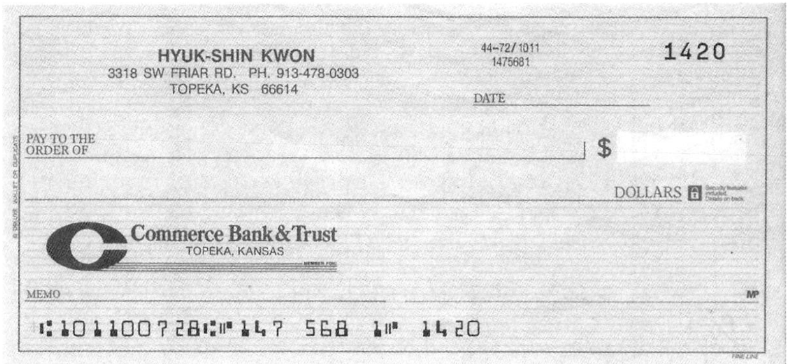

미국에서 사용하는 수표

수표로 모든 거래가 이루어진다. 그러므로 금융실명제는 수표 실명제를 실시하고 일정 액수 이상의 자금 왕래는 반드시 수표로 하게 하면 이내 실효를 거둘 수 있을 것이다.

후보에게 기부할 수 있는 금액에도 1인당 한도가 있다. 미주리 주의 경우, 주지사 후보에게는 1인당 1,025달러, 상원 의원 후보에는 500달러, 하원 의원 후보에는 250달러까지 기부할 수 있다. 그러나 선거운동 진영에서 자금을 사용하는 데는 아무런 제한이 없다. 다만 50달러 이상은 수표로 쓰기만 하면 된다.

윤리위원회는 로비스트의 로비 활동비를 신고받고, 정치자금도 이와 같이 투명하게 관리한다. 공무원 재산 공개도 우리처럼 언론으로 발표하여 선량한 가진 자도 지탄의 대상이 되게 하거나, 없는 자는 봉변당하게 하는, 그래서 많은 사람을 난감하게 하는 일 없이 조용하고 투명하게 한다. 쓸데없는 일에 불편을 주지 않는 이런 제도는 우리도 본받을 만하다.

공무원 재산 등록에서도 가액 표시 없이 재산 목록만 등록하게 하는데 이것도 형식적이 아닌 내실 있는 제도라 하겠다. 우리는 세상이 다 아는 자동차 값도 찾아 적게 하는 등 불필요한 수고를 요구하는 구석이 너무 많아 짜증스럽다. 또한 부동산과 채권 등은 일정한 액수 이상을 보유한 경우만 신고하게 하는 것도 괜한 수고를 덜어 주는 방법이라 생각되고, 현실적으로 확인이 어려운 동산은 신고 대상에서 아예 배제하고 있는 것도 오히려 미더운 제도다. 모든 것이 실명제로 자금의 흐름이 어렵지 않게 포착되어, 보고 내용에 크게 오차가 날 여지가 없다고 자신할 수 있는 사회이므로 너절한 동산류의 등록을 배제해도 아무 문제가 없기 때문일 것이다.

5) 위원회Boards or Commissions

미국의 주 정부와 지방 정부(시·군)는 위원회 정부라 해도 지나친 말이 아니다. 미주리 주 정부 안에는 자그마치 약 2백 개의 위원회가 있다. 이를테면 의회는 법을 정하고, 집행부의 각 위원회Boards or Commissions는 그 법에 따라 시책을 수립해 추진 방향을 정하며, 집행부는 이를 시행하는 체제이다. 그런데 위원회의 위원들은 모두 주지사가 상원의 동의를 받아 임명한다. 대부분의 장관은 상원의 동의를 받아 주지사가 임명하지만 자리에 따라서 몇몇 장관직은, 이미 언급했듯이 주지사가 임명한 위원들이 임명한다.

그런데 이 위원회 위원의 임기는 4년, 6년, 8년 등 다양하고, 시차임기로 1년에 1명 또는 고작 몇 명씩만 바뀌기 때문에, 주지사의 권한은 자동적으로 견제된다. 이 위원회는 한 정당원이 과반수를 넘지 못하도록 되어 있고, 대개 그 분야의 전문가로 이루어진다. 미국 사회는 각 분야의 자격 면허 제도License & Qualification가 기술 분야뿐만 아니라 인문 사회 분야에도 투명하게 잘 세분되어 있어 분야마다 전문성이 확연히 구분된다. 시·군에는 자기들에게 필요한 위원회가 따로 있다. 위원회를 쉽게 이해할 수 있는 예로써는 시·군의 대표적 위원회라 할 수 있는 공원 및 레크리에이션 위원회를 들 수 있다. 웬만한 시·군은 각기 직접 운영하는 골프장, 수영장, 공원 등이 있다. 이러한 시설의 운영 방침을 바로 이 위원회에서 정한다. 그러면 집행부는 이를 집행해 나가는 체제이다.

위원회 제도의 의의는 다음 세 가지로 해석할 수 있다. 첫째, 주지사나 시장 등 집행부의 장의 권한을 견제하고, 둘째, 양당 체제(일당 과반수 불허체제)와 시차임기제에 따른 행정이 정치로부터 오염되는 것을 방지하고 견제와 균형을 도모하며, 셋째, 행정 과정에 주민 참여도를 높이는 동시에 전문가들의 지혜를 폭넓게 수렴할 수 있는 제도라 하겠다.

미주리 주에는 정신건강성Department of Mental Health이 따로 있는데, 7명으로 구성된 정신건강위원회에서 정신건강성의 주요 시책과 사업계획 및 해당 연도의 예산 운용 계획 등을 정한다. 장관도 위원들이 임명하는데, 이들은 주지사가 상원의 동의를 받아 임명한 사람들로, 한 정당 소속원이 과반수를 넘지 못하며 시차임기의 위원회다. 이들은 대개 정신과 의사들로 구성되어 있고 장관도 정신과 의사가 임명된다.

필자는 이들이 1997년 업무 계획을 논의하는 회의에 참관할 수 있도록 초대되어, 회의 뒤 소감 발표를 해 달라는 부탁을 받아 간단히 소감을 발표한 적이 있다. 회의는 정신과 의사인 위원회 위원장이 주재하고 장관은 그 옆에 참관인처럼 앉아 회의를 하고 있었다. 이 위원회가 기본적인 모든 원칙과 방침을 정하면 장관(집행부)은 그대로 시행해 나가는 것이다. 바로 이러한 위원회가 실질적인 위원회다. 바로 이런 위원회가 지방자치를 성공시키는 요인들이며, 지방자치의 견인차와 같은 구실을 하는 여러 요소 가운데 하나라고 할 수 있다. 이들 위원들은 모두 무보수인데, 미주리 주의 약 2백 개의 위원회 가운데 4개 정도의 위원회를 빼고는 모두 무보수 위원들이다.

여기서 또 하나의 이채로운 점은, 정신건강성 장관의 당시 봉급(연봉 16만 596달러)이 주지사(미주리 주)의 봉급(연봉 10만 7,269달러)보다 훨씬 많다는 것이다. 미국은 행정 공개 원칙에 따라 전 직원들의 개인별 성명과 직책, 그리고 봉급액이 명료하게 책자로 나와 있다. 그런데 장관들의 봉급이 제각각이다. 그 이유는 일종의 계약에 따른 임용이므로 사람과 자격 기준에 따라 봉급이 각각 다르기 때문이다. 공무원 봉급에 대해서는 다음 항에서 다시 설명하기로 한다.

6) 공무원의 정원 및 보수

미국의 주 정부에는(캔자스와 미주리 주의 경우) 공무원 정원제가 없다. 예산의 범위가 곧 정원의 범위다. 그래서 한 사람의 봉급으로 2명의 시간제 근무자를 쓸 수도 있다. 실제로 미주리 주 행정처 차관이 2명의 비서를 요일별로 교대해 쓰고 있다. 그러면 주 단위의 공무원 수(이 경우 시·군 공무원 수는 포함되지 않는다)는 얼마나 될까? 미주리 주의 경우, 8만 3천 명이나 되고, 그 가운데 주립대학교 등의 교직원을 빼면 6만 명이다.

교직원을 제외한 6만 명의 공무원은 곧 6만 개의 일자리를 뜻한다. 미국에서는 고용을 창출할 때 일자리가 몇 개라고 계수적으로 표현한다. 어쨌든 그 수만 개의 일자리를 1,316개의 직위로 분류한다. 다만 여기도 예외가 있다. 자연보전성 직원이나 경찰직과 같이 제복 착용직과, 초중등교육성과 대학교육성을 제외한 그 밖의 자리를 1,316개 직위로 분류한 것이다.

이 분류에서 제외된 기관은 독자적으로 분류하고 있다. 이러한 분류의 목적은 업무의 종류와 곤란성困難性의 정도에 따라(난이도에 따라) 보수 수준을 같게 하거나 적정하게 차등화하는 데 있다.

이들은 보수표를 일반 직종의 보수표Pay-Grid A와 의사 등 고급 전문 기술 직종의 보수표Pay-Grid B 두 가지로 나눈다. 일반 직종을 위한 보수표(Pay-Plan이라고도 함)의 경우, 보수 등급을 45단계로(세로열), 인상 폭을 25계단(가로열)으로 나누고 각 직위별 보수표에 사기업의 평균 보수 수준Market Place Rate(MPR)을 하이라이트로 표시해 놓고 있다. 그리고 보수 인상이 의회에서 결정되면 MPR 미달 그룹은 2단계 인상, MPR 초과 그룹은 1단계만 인상해 준다(MO).

공무원 채용은 일반직, 별정직 할 것 없이 부처별로 결원이 생길 때마다 신문에 공고를 내어 선발한다(KS). 이들에게는 각종 자격 면허제가 명료하여 적격자 선발이 우리나라보다 비교적 쉬워 보인다. 미주리 주의 경우, 6만 명 가운데 약 3만 명이 시험 채용 대상이다. 이들은 시험 채용에도 몇 가지 분류를 하고 있다. 백 퍼센트 필기시험, 80퍼센트 필기시험 + 20퍼센트 학력 경력 평정 점수, 70퍼센트·60퍼센트·50퍼센트 시험 + 그 나머지는 학력 경력 평점으로 선발하는 등 채용 방법을 다양하게 하고 있다. 기능 분야는 백 퍼센트 실기 평가로 채용하기도 한다.

한편 주 정부의 과장급 이상 간부는 별정직Unclassified으로, 주지사가 바뀌면 거의 모두 바뀐다. 캔자스 주의 경우 몇 자리를 빼고 거의 모두 교체했는데, 미주리 주는 당시 심한 교체가 없는 편이었다. 그것은 다른 당으로 정권이 교체되지 않아 교체 폭이 줄어든 것으로, 주 정부의 과장급 이상 간부의 교체 여부는 주지사의 결정에 달렸다.

7) 우리와 다른 공무원 제도

　미국 주 정부 공무원들은 우리와 같은 순환 보직 제도나 승진 제도가 없으며, 정년제도 없다. 그리고 지극히 몇몇 예외를 빼고는 누구에게나 정당 가입이 허용된다. 순환 보직제와 승진제가 없으므로 한자리에 채용되면 계속 그 자리에서 일하거나, 아니면 더 나은 자리로 옮기는 길뿐이다. 이 경우 먼저 있던 자리는 사직을 하고 옮긴 자리로 다시 임용되는 것이다. 대개 자주 옮기는 경우는 하위직인데, 조금이라도 보수가 좋은 쪽을 택해 가기 때문이다. 그러므로 미국의 공무원은 승진의 꿈도 없이 그저 시간만 채우며 열심히 일하는 시간 노동자라고 해도 지나친 말이 아니다.

　이들에게도 승진과 비슷한 기회가 주어지는 경우가 드물게 있긴 하다. 그런 경우는 특정 직책에 결원이 발생하면 주 정부에서 현재 근무하고 있는 직원에 한해 응시 기회를 주는 것이다. 이 경우 엄밀히 말하면 내부 공개 경쟁 채용이지 우리의 승진과는 다른 개념의 임용이다(MO).

　이들에게는 정년이 없기 때문에 본인이 원하면 계속 일할 수 있다. 그래서 관공서나 민간 부문에서도 60대 후반 70대의 직원들을 쉽게 만날 수 있다. 그러나 무無정년 제도에도 예외는 있다. 미주리 주의 각급 법원 판사는 70세를 정년으로 하고 있다. 법원 판사를 제외한 일반 공무원들은 강요된 정년이 없지만, 대개 65세가 되면 자진 퇴직한다고 한다. 그때가 되면 연방 정부의 사회보장 연금과 직장 연금을 합한 금액이 평상시 봉급과 거의 같아지기 때문이다.

또 하나 우리와 다른 점은, 모든 행정기관에 여자들이 많다는 점이다. 언뜻 보아 주 정부나 시·군 사무실에는 대개 53퍼센트에서 55퍼센트가 여자, 47퍼센트에서 45퍼센트가 남자인 것 같다. 남자들은 농사·자영업·건설업 등에 종사하고 여자들은 공무원으로 일하거나, 부부가 저마다 다른 부처에서 공무원으로 일하는 그런 형태라 하겠다.

또 다른 점을 든다면, 각기 맡은 분야에 자격증 소지자가 많다는 점이다. 이를 테면 경리 분야는 회계사 자격을 소지해야 하는 경우 등이다. 미국 사회는 어디를 가나 자격 면허제가 잘 수립되어 있고 채용시에 자격(교육과 경력) 평가 비율이 높기 때문에, 자연히 그 분야에 자격 면허를 소지한 이들의 채용 비중이 높다. 그리고 사무실 벽면에는 학교 졸업장, 학위증, 각종 자격 면허증, 심지어 단기 교육 이수증까지 걸어 놓고 있다. 누구나 거의 예외 없이 가족사진도 진열해 놓고 있는데, 미주리 소방본부의 공지판에는 직원들의 가족사진뿐만 아니라 애완견 사진까지 붙여 놓고 있었다. 이들에게는 멸사봉공滅私奉公의 정신이 흐르는 것이 아니라, 봉사봉공奉私奉公의 정신이 흐르고 있다고 보아야 할 것 같다.

그리고 주 정부 소재지에는 대개 야간부가 있는 공립대학이 있다. 주 정부 공무원들에게 공부할 기회를 주려는 배려인 것 같다. 캔자스 주는 수도 토피카에 시립 대학인 워시번 대학교 Washburn University가 있어, 주 정부 공무원 가운데 야간 석사

과정 등을 이수하는 사람이 많다. 미주리 주의 경우 수도 제퍼슨 시에 작은 주립 대학인 링컨 대학교Lincoln University가 있는데, 여기 또한 야간부에 공무원들이 많이 다닌다. 미주리 주는 야간부를 다니는 주 정부 공무원들의 편의를 위해 아예 점심 시간에 주청사 건물 안 극장식 대 회의실에 출장 강의까지 하게 해주고 있다.

미국은 교육의 천국이기도 하다. 각 소도읍이나 작은 마을에는 지역 초급대학Community College이 있어 어느 곳이나 교육기회가 고르게 주어진 셈이다. 그리고 학생들에게는 30년 상환 장기 저리 학자금 융자 등 은행마다 학자금 융자 프로그램이 있어(은행에 학자금 융자 전담 창구가 있기도 함) 공부하기에도 좋은 여건이다(토피카의 Commerce Bank & Trust의 경우). 융자 받은 학자금에 대해서는 그 학생이 학업을 마치고 취직을 해 돈을 벌면 그때부터 장기간에 걸쳐 분할 상환하도록 하고 있다.

미국의 공무원은 정당 가입이 자유롭지만, 예외적으로 정당 가입이 허용되지 않는 경우가 있다. 예를 들면 미주리 주 대법원 판사나 행정처 인사과장과 같은 직위는 정당 가입을 할 수 없다. 그러나 미국은 대부분의 공무원들에게 정당 가입을 허용한다. 이는 이들의 선거 제도가 공무원에게 정당 가입을 허용할 수밖에 없는 제도이기 때문이다.

8) 하향지시 아닌 자체 기구와 인력으로 업무처리

　주 정부 단위에 이렇게 공무원이 많은 데는 이유가 있다. 이미 간략히 언급한 바와 같이 미국에서는 국가의 일이나 주의 일을 원칙적으로 시·군을 통해서 하는 체제가 아니다. 시·군을 통해야 할 수 있는 일이라면 당연히 시·군으로 업무가 이양된다. 따라서 주에서는 주 자체의 시설과 인력을 가지고 업무를 처리하고, 시·군을 꼭 거쳐야 할 경우에는 그 비용을 별도로 부담하는 체제다. 그러므로 여러 거점 지역에 연방 정부나 주 정부의 건물과 사무실이 산재해 있다. 그리고 그곳에는 연방 공무원이나 주 정부 소속 공무원이 일한다.

　그래서 미주리 주의 경우, 시·군 단위에 있는 주 정부 건물 현황을 보면, 총 24개의 주 정부 건물이 수도Capital 외에도 주요 4개 거점 도시를 비롯하여 여러 곳에 산재해 있다. 그리고 그러한 주 정부 건물 말고도 각 시·군에서 많은 사무실을 임대하여 사용하고 있다. 많은 곳은 한 군에서 사무실을 자그마치 46개소(주차장수 일부 포함)나 임대해 쓰고 있다(Jackson County). 결국 주의 일은 주 스스로 해 나가지 시·군을 시켜서 하는 체제가 아니란 얘기다. 그리고 어떤 형태로든 기관끼리 부담을 주지 않게 되어 있는 체제다.

9) 각 지구 사무실과 해외 사무실 및 해외투자

미국은 주 정부가 마치 하나의 국가와 같은 면모를 갖고 있기 때문에 각 성마다 지방(지구) 사무실을 여러 곳에 두고 있다. 따라서 미주리 주의 경우, 당시 8만 3천 명의 주 공무원 가운데 수도 제퍼슨 시에는 단 1만 3천 명 정도만 근무하고, 나머지 인원은 모두 지방 사무소나 각 소도읍에 흩어져 자리잡고 있는 주립대학 등에서 근무한다.

뿐만 아니라 해외에도 주 정부 사무실이나 계약 사무실을 두고 있다. 우리나라에 주 정부 사무실을 개설한 미국의 주만도 1995년 당시에도 15개에 이르렀다. 15개 주 정부뿐만 아니라 5개 항만 관리 사무실과 그 밖의 관광 분야 등 5개의 기타의 사무실도 개설되어 있었다. 2010년 4월 현재는 다소 줄어서 13개 주의 주 사무실 또는 계약 사무실이 우리나라에 개설되어 있고, 군 단위에서는 처음으로 버지니아 주의 1개 군(Fair Fax County)이 사무실을 개설하고 있다.

미주리 주는 9개 국가에 사무실을 개설하고 있었다. 그 가운데 한국을 포함한 5개국(서울, 런던, 멕시코의 과달라하라 Guadalajara, 타이베이, 도쿄)에는 현지 사무실을, 4개국(브라질의 상파울루, 칠레의 산티아고, 독일의 뒤셀도르프, 싱가포르)에는 계약 사무실을 개설해 놓고 투자 유치나 수출 상담 업무를 보고 있었는데, 한국 주재 사무실은 몇 년 전에 계약 사무실로 전환한 상태이다. 한편 캔자스는 3개의 해외 계약 사무실을 갖고 있었다(시드니, 도쿄, 벨기에의 브뤼셀).

각 주 정부는 해외에 사무실을 개설하고 있을 뿐만 아니라
해외 투자도 하고 있다. 해외 투자 재원은 공무원 연금 기금
이다. 이들은 우리나라처럼 공단에서 연금 업무를 담당하지
않고 주 정부에서 직접 담당한다. 이들 연금 기관은 자금 증
식 명목의 어떠한 사업도 할 수 없게 되어 있다. 다만 자금
증식 투자만 할 수 있다. 캔자스 주 연금관리처는 우리나라의
3개 업체에 투자하고 있었고, 미주리 주의 연금관리처State
Employees Retirement System는 한국의 11개 업체에 투자하고 있
었다. 이들은 주로 일본 투자 상담 회사를 통해 우리 업체의
건실도를 철저히 진단하고 투자한 것이라 했다. 연금 기구의
전체 투자 규모 가운데 약 17.5퍼센트가 해외 투자 규모라 했
다. 시·군 공무원의 연금 관리는 시·군에서 자체적으로 별도
관리하거나 희망하는 시·군에 한해 통합 관리하기도 한다.

10) 친인척 임용Nepotism 엄금

미국에서는 가령 장관의 경우, 친인척을 자기 부처나 감독
권 아래에 있는 직위에 채용하지 못하도록 하고 있다. 주지
사, 시장, 군수도 마찬가지다. 미주리 주에서는 주 헌법으로
자신의 직위를 이용해서 8촌the fourth degree* 이내의 직계 친
척consanguinity이나 처가 또는 시가媤家 혈족affinity을 채용하지

* 이 경우 미주리 주에서는 8촌을 지칭하지만, 다른 곳에서는 다르게 계산
  하기도 한다.

못하게 규정하고 있다. 이를 어기면 채용한 자는 직위를 박탈
당하게 된다. 우리의 행정도 선진 행정으로 평가받으려면, 더
욱이 각급 기관의 장이 투표의 방법으로 선출되는 시대에는
무엇보다도 이런 기본적인 선결 과제들의 실천 의지가 먼저
제도로 뒷받침되어야 할 것이다.

제3부

시 · 군

미국에서는 시·군을 통틀어 'Local Governments'라 한다. 본래 이 'Local Government'라는 개념에는 시City와 군County뿐만 아니라 교육 자치단체 등도 포함되지만, 여기서는 시와 군만을 논하고자 한다. 미국 헌법에 주 단위 이하의 행정조직을 어떻게 나눈다거나 주 정부와 시·군 사이의 권한 배분을 어떻게 한다거나 하는 내용은 규정하지 않고 있다. 미국 헌법은 연방 정부와 주 정부에 대해서만 규정하고 있다. 따라서 시와 군은 주 정부가 만들어낸 행정 단위라는 것을 알 수 있다. 그러므로 시나 군을 설치하거나 폐지하는 것은 전적으로 주 정부가 정할 수 있다. 미국의 정부 조직 체계상이나 역사적 배경으로 보아도, 군부터 다루는 것이 바른 순서이나 우리가 보통 시·군이라고 말하는 것이 익숙하므로 먼저 시부터 살펴본다.

1. 시City Government

   미국에서는 우리나라의 작은 면 소재지 정도의 마을도 시라고 부른다. 미주리 주에서는 인구가 5백 명만 되면 시라 부른다. 그리고 시의 입구에는 그곳의 인구를 표시한 아주 작은 간판을 세워놓고 있는 것이 특색이다. 미주리 주에서도 연방 정부처럼 10년에 한 번씩 인구조사를 하는데 간판에 표시된 인구는 10년에 한 번씩 고쳐지는 셈이다. 어쨌거나 작은 마을도 시라 부르므로 우리나라의 시나 군이 미국의 도시와 자매결연을 맺을 때는 상대를 잘 알고 추진해야 한다.

   미국에서는 인구에 따라 시를 몇 개의 등급으로 나누고, 시에 따라서는 시의 기본법인, 이를테면 시의 헌법에 해당하는 헌장Charter이 있다. 시의 분류 방법을 살펴보자.

1) 시의 분류Classification of Cities

미국에서는 시의 인구 규모에 따라 시를 1급 시, 2급 시 등의 등급으로 분류한다. 그리고 그 등급에 따라 시 정부 형태를 대개 3~4가지 유형에서 제한적으로 선택하게 되어 있다. 시를 분류하는 인구 규모도 주마다 다르다.

캔자스 주의 경우에는 인구 1만 5천 명 이상의 시를 1급 시 first-class cities, 인구 2천 명에서 1만 5천 명까지를 2급 시 second-class cities, 2천 명 미만의 시를 3급 시third-class cities로 분류한다.

미주리 주의 경우에는 4등급으로 분류하는데 좀 복잡하다. 분류 내용을 보면, 주 헌법으로 자치를 인정한 헌법자치시 (constitutional charter cities 또는 home rule cities)와 주 의회에서 자치를 인정한 특별자치시(legislative charter(ed) cities 또는 special charter cities), 인구 3천 명에서 2만 9,999명까지를 3급 시, 인구 5백 명에서 2,999명까지를 4급 시로 분류한다. 헌법자치시는 인구 5천 명 이상이어야 하고, 특별자치시는 그런 요건이 없다.

인구 5백 명 이하는 사실 부락이나 리에 해당하는데 'Village' 라 한다. 이들도 자치 조직을 형성해 주민 투표로 2년 임기의 대개 5명의 의원단the Board of Trustees을 선출하고, 그 가운데 한 사람이 의장이 된다. 이들이 세금 부과관, 징수관, 재무관, 기타 필요한 임명직을 임명하고, 또 조례로 판사a Municipal

Judge를 임명직으로 할 것인지 선거직으로 할 것인지를 정한다. 이 Village 단위는 대개 별도 청사나 사무실 없이 회합이 필요하면 마을 도서관이나 의장의 집에서 모인다. 그런데 실제로 임명직의 수는 고작 1~2명이라 한다. 이런 마을도 일반적으로 City라고 부른다(Trustee, Alderman 모두 Councilman과 같은 뜻임).

미주리 주 헌법(Article VI, Section 15)에는 시를 4개의 등급을 초과하여 분류할 수 없다고 규정하고 있다. 이렇게 시를 여러 등급으로 나누는 것은, 그 등급에 따라 채택할 수 있는 정부 형태를 지정하기 때문이다. 시가 채택할 수 있는 시 정부 형태도 4가지가 있다.

2) 시 정부 형태Forms of City Government

주마다 시 단위의 조직 구성은 다양하고 제각각이겠으나 기본적으로 다음과 같은 4가지 유형 가운데 하나이다.

- 시장-의회 형The Mayor-Council Form
- 위원회 형The Commission Form
- 의회-지배인 형The Council-Manager Form
- 시-행정관 형The City-Administrator Form

각 형태별 특징을 간략히 살펴본다.

(1) 시장-의회 형The Mayor-Council Form

이 유형은 가장 오래되고 흔한 시(정부)의 형태이다. 시장은 집행부의 장이고 의회에서는 조례를 제정한다. 그리고 시장이나 시 의원 모두 주민이 직접 선출한다. 그런데 이런 시의 시장에는 그 권한 행사 유형에 따라 두 가지 타입이 있다. 즉, 강시장the Strong Mayor Form과 약시장the Weak Mayor Form 제도가 그것이다.

강시장强市長 제도는 시장이 시 공무원의 인사권을 통해 시의 업무를 통할하는 권한을 갖는다. 시의 간부를 임용할 때는 의회의 승인을 받아야 된다. 그리고 의회의 조례안에 대한 거부권도 갖는다.

이와 달리, 약시장弱市長 제도의 시장에게는 그런 권한이 없다. 약시장제 아래서는 시의 주요 간부가 모두 주민의 직접선거로 뽑히는 선출직이기 때문이다. 따라서 시장은 명목상 집행부의 장인 셈이다.

(2) 위원회 형The Commission Form

위원회 형은 주민들이 직접 선출하는 위원들Commissioners이 의회 의원 겸 집행부 각 부서의 장Department Heads 역할을 하는 제도이다. 다른 말로 하면 이 경우, 의회를 'Council'이라 부르지 않고 Commission(위원회)이라 하고, 의원을 'Council Member'라 부르지 않고 Commissioner(위원)라 하는 셈이다.

다만 의원들Council Members은 대개 구역별로 선출되고 위원들Commissioners은 시 전체에서 선출된다는 점에서 다르다.

이 위원회의 위원들은 대개 5명으로 구성되고 각 위원들은 저마다 하나의 부서Department를 맡아 소속 직원들을 직접 임명하며 업무를 처리해 나간다. 뿐만 아니라 위원들이 직접 조례도 제정하고 이의 시행을 감독한다. 이 위원회 형의 시에서는 Commissioner(위원) 가운데 한 사람이(the Head of the Department of Public Affairs) 당연직 시장이 된다. 그러나 시장은 자신이 맡고 있는 부서 외의 다른 부서에 대해서는 아무런 권한이 없고 주로 위원회Commission 회의를 주재하는 것이 고작이다.

위원들은 재무관, 감사관, 총무과장City Clerk, 소방과장, 경찰서장과 같은 주요 간부를 다수결 투표majority vote로 임명하는 권한을 갖는다. 이런 유형의 시에서는 앞에서 설명한 바와 같이 위원들이 대개 구역 단위로 선출되기보다는 전체 시 구역에서 선출된다.

(3) 의회-지배인 형The Council-Manager Form

이 유형의 시(정부)는 때때로 위원회-지배인 형Commission-Manager Form 또는 시-지배인 형City-Manger Form으로도 불린다.

이런 시는 주민이 시 의원을 선출할 때 구역별로 뽑는 경우와 전체 시 구역을 대상으로 뽑는 경우가 있어, 의회-지배인 형Council-Manager Form 또는 위원회-지배인 형Commission -Manager Form이라고 불리는 것으로 보인다. 그리고 투표에서 최다 득표자가 시장이 된다. 그래서 시장은 의회 회의를 주재하는 일 말고는 그다지 실권은 없고 의례적인 기관장 역할을 한다.

이 정부 형태의 특징은 의회에서 시-지배인을 고용하여 시정을 수행하는 것인데, 주로 전문 기술자나 사업가를 고용한다. 그래서 시-지배인 형City-Manager Form이라고도 한다. 의회(위원회)는 정책을 입안하고 시-지배인을 감독하며 행정은 시-지배인 책임 아래 시행된다.

(4) 시-행정관 형The City-Administrator Form

시-행정관 형은 시장-의회 형에 행정 전문가를 채용한 형태이다. 시장-행정관 형Mayor-Administrator Form이라고도 한다. 따라서 이 유형은 시장-의회 형의 변형으로 보아 정부 형태를 3가지로만 분류하기도 한다. 캔자스 주(도시 연합)에서는 시 정부 유형을 3가지로만 분류하는 입장을 취한다. 이런 시에서는 시장이 의회의 조언과 동의를 얻어 행정관과 각 부서의 장Department Heads을 임명하고 각 위원회의 위원을 임명한다. 시 행정관은 시장과 의회에 각 부서의 장과 주요 간부의 임면에 대한 추천과 건의를 한다.

이처럼 여러 유형의 시 정부 형태가 있기까지는 기존의 조직과 체계로는 감당하기 어려운 그때그때의 급박한 사정이 새로운 조직의 틀을 만들어 내게 되었다 한다. 위원회 형 시 정부 형태는 1900년 텍사스의 어느 곳(Galveston)에 태풍과 큰 해일로 수많은 사람들(5천여 명)이 사망하고 많은 재산 피해를 입힌 재난이 일어난 적이 있었다. 이때 그 피해 지역을 재건하기 위해 당시 텍사스 주지사가 5개 분야의 전문가들로 비상대책 기구를 만들어 필요한 규정도 스스로 제정할 수 있게 하고 이들 책임 아래 피해 복구에 나서게 한 것이 성공하게 되자, 이것이 위원회 형이라는 하나의 시 정부 형태로 자리 잡게 된 것이라고 한다.

또 다른 예로 의회-시 지배인 형The Council-Manager Form 시는 1908년 버지니아 주의 어느 곳(Staunton)에서 재난이 발생해 이를 복구하려 했으나, 기존의 시 정부 조직으로는 효과적으로 대처할 수 없어 비상 대응체제로 전환한 정부 기구가 성공을 거두어 시 정부 형태로 자리 잡은 것이다. 이 시-지배인 형은 그 뒤 1912년에 사우스 캐롤라이나 주(Sumter)에서, 1913년에 오하이오 주(Dayton)에서도 채택되어 이 제도가 자리 잡는 데 모두 이바지하였다 한다.

여기서 시-행정관 형과 시-지배인 형 모두 외부 전문가를 채용한다는 점에서 서로 혼동하기 쉬운데, 이를 구별하는 기준은 다음과 같은 주요 차이점에서 찾을 수 있다.

- 시-행정관 형 시에서는 시장을 주민들이 선출하나 시-

지배인 형 시에서는 시장이 의원들 가운데서 선출된다.

- 시-행정관제의 시장은 시-지배인제의 시장보다 영향력
  이 있다. 즉, 시-지배인제의 시장은 다른 의원들보다 구
  별되는 권한이 없지만, 시-행정관제의 시장은 인사권을
  통한 각종 실권을 행사한다.
- 시-지배인은 의회의 감독 아래 업무를 수행하지만 시-
  행정관은 시장의 감독 아래 업무를 추진하는 점이 다르
  다.

이상과 같은 내용은 보편적인 설명이고 어디든 예외가 있
다. 시-지배인이 경찰서장이나 각 부서의 장을 직접 임명하
는 권한을 가진 시도 있다.

어쨌든 인구 규모에 따라 분류된 각 등급의 시는 이상의
정부 형태 가운데 하나를 택하는데, 가령 미주리 주의 3급 시
의 경우에는 네 가지 정부 형태 가운데 어느 것이나 채택해도
되고, 4급 시는 시장-의회 형이나 시-행정관 형 가운데서 하
나를 선택하게 되어 있다. 헌법자치시Home Rule City는 시민들
이 시 정부 형태를 투표로 결정하도록 하는 등 선택에 일정한
원칙을 두고 있다.

다소 교과서적이었던 지금까지의 설명을 떠나, 실제로 시가
어떻게 구성되고 어떤 제도를 갖고 있는지, 미주리 주의 수도
인 제퍼슨 시Jefferson City와 캔자스 주의 수도인 토피카Topeka

시를 비교해 가며 살펴본다.

3) 2개 시의 시 정부 조직의 실 사례

(1) 미주리 주의 제퍼슨 시Jefferson City

제퍼슨 시는 현재 인구 약 4만 명 정도인 미주리 주 수도이다. 미국에서는 주 정부가 대부분 작은 시에 있다. 우리나라처럼 모든 기능이 도청 소재지에 집중되어 있는 것이 아니라, 도시 기능이 철저히 분산되어 있다. 주 정부 소재지는 정치 행정 중심 도시로, 주립 대학은 다른 작은 도시 곳곳에 배치해 교육도시로, 우리가 생각하는 일반 도시는 상업도시로 도시 기능을 분산시켜 놓고 있다. 대개 대학이 있는 곳은 작은 마을인데, 대학이 들어서면서 하나의 작은 도시를 이루게 되는 그런 형태이다. 어쨌거나 각 기관이 도청(주청) 소재지로 몰려 있는 것이 아니라 각 지역에 분산 배치되어 있다. 우리나라는 지금부터라도 이와 같은 철저한 도시 기능 분산과 공공건물의 지역별 분산 배치 사례를 본받아야 하리라 생각된다. 이렇게 하는 것이 지역의 균형 발전을 위한 가장 확실한 처방이 될 수 있기 때문이다.

본론으로 돌아와, 제퍼슨 시의 시장 임기는 4년으로 시민이 직접 선출하며, 임기는 2회 총 8년만 역임할 수 있게 제한하고 있다. 시장직 선거는 당을 표방할 수 있는 선거Partisan

Election이다. 이런 경우 미국에서는 대개 일차 선거Primary Election(2월)에서 당 대표로 뽑힌 후보를 대상으로 총선거 General Election(4월)에서 주민들의 직접 투표로 최종 당선자를 가려낸다.

여기서 유의할 점은 이들이 각 당에서 공천받은 것이 아니라 각 당의 지지자들이 투표로 뽑은 후보라는 점이다. 미국에서는 공무원도 몇 가지 예외를 제외하고는 정당 가입이 자유로우나, 적극적인 정당 활동은 할 수 없게 되어 있다.

시장은 시간제part-time 근무직이어서 일주일에 3번 정도 오전 근무하며, 봉급은 1991년 4월 15일 이후부터 그 당시까지 월 9백 달러를 받고 있었다. 물론 자가운전을 하며 관사도 없다. 시장의 월급에 대해서는 시 헌장Charter에 "시장의 봉급은 조례로 정하며, 시장의 임기 동안에는 액수를 인상도 인하도 할 수 없다"고 규정되어 있다. 시장의 권한은 다음과 같다.

- 시-행정관과 각 위원회의 위원을 시 의회의 동의를 얻어 임명한다.
- 시 의회 의장의 구실을 수행하나 표결권은 가부 동수일 때만 행사하며, 조례나 규칙을 승인 또는 불승인할 수 있다.
- 그 밖에 시 헌장에서 위임한 집행부의 장으로서의 권한을 행사한다.

시장은 선거 당시 세금 체납 사실이나 공금 횡령과 같은 범법 사실이 없어야 하며, 시장직 피선거권은 30세 이상으로 2년 이상 시에 거주한 사람이어야 한다.

제퍼슨 시 의회 의원(10명)의 임기는 2년으로 4회 8년만 역임할 수 있게 제한되어 있고, 이들 또한 시간제 근무직이다. 이들의 보수는 월 450달러로 임기 동안에는 인상도 인하도 하지 못한다. 이들도 정당을 표방할 수 있으며 시 의원의 피선거권은 21세이다.

미주리 주에서는 시장과 시 의원 외에도 시의 검사City Prosecutor와 시의 판사Municipal Judge가 선거직이다. 시의 검사는 미주리 주에서 개업할 수 있는 법관 자격 소지자로, 시장의 피선거 요건과 같이 세금 체납이나 횡령 등 범법 사실이 없어야 한다. 임기는 2년으로 연임 제한은 없으며, 임무는 범법자의 기소뿐만 아니라 각종 규정의 기초를 담당하는 것이다. 결원이 생기면 전임자가 속했던 정당 소속자 가운데 법관 자격을 가진 사람을 의회의 조언과 동의를 받아 시장이 임명하며, 이때에는 임기의 잔여 기간만을 근무한다.

시의 판사는 주민들이 직접 선출하며 임기는 2년이다. 시의 법원Municipal Court은 물론 주 정부 소속이지만, 시 법원 판사 Municipal Judge의 보수는 소속 시에서 지급한다. 시의 판사는 교통 법규 위반이나 조례 저촉 등 경미한 사안을 다루는데, 주로 교통 사범을 다루는 일이 대부분이라 한다. 시의 검사와 마찬가지로 결원이 생기면 전임자와 같은 정당에 소속된 사람들 가운데서 시장이 상원의 조언과 동의를 얻어 임명하며 잔여 임기 동안만 근무하게 된다.

그런데 시의 판사 선임 방법은 다양해서 시마다 조금씩 다르다. 그 선임 방법은 시의 헌장이나 조례로 규정하고 있는데 시에 따라서는 시장이 임명하기도 한다. 물론 법관 자격이 있는 사람들 가운데서 임명한다. 미주리 주의 경우 공통적인 자격 기준은 21세 이상 70세까지의 미주리 주민으로 인구 7만 5천 명 이상인 시에서는 반드시 법관 자격이 있는 사람이어야 하고, 인구가 7만 5천 명 미만인 시에서는 법관 자격이 없어도 시의 판사가 될 수 있다. 다만 법관 자격이 없는(사법시험에 합격하지 않은) '비법관 판사Non-Lawyer Judges'는 주 대법원이 지정하는 소정의 교육과정을 이수해야 한다.

시의 판사는 시의 헌장이나 조례(일반시)에 특별히 언급되어 있지 않는 한 시간제 근무직이다. 제퍼슨 시에는 법원(법정) 건물이 따로 있는 것이 아니라 의회의 회의장을 법정으로 겸용하고 있다. 의회는 지정 요일의 일과 후에만 열리므로 주간에는 언제든지 법정으로 사용할 수 있다. 법관 제도와 관련해서는 사법부 편에서 좀 더 소개하고자 한다.

시장이 임명하는 임명직으로는 법무관City Counselor, 경찰서장, 인사담당관Personnel이 있고, 이들은 시장이 의회의 조언과 동의를 받아 임명한다. 각 부서의 장Department Directors은 시

장이 시-행정관의 추천으로 의회의 조언과 동의를 받아 임명
한다.

(2) 캔자스 주의 토피카Topeka 시

캔자스 주 수도인 토피카Topeka 시의 현재 인구는 약 12만
3천 명 정도로 시장 출마자는 당을 표방할 수 없으며(Non-
Partisan Election), 시장의 임기는 4년이다. 따라서 예비선거에
서 일반 시민들이 2명의 최고 득점자를 가려내고, 총선거에서
최종 당선자를 뽑는다. 출마자가 모두 2명뿐일 때는 예비선거
를 치르지 않고 바로 총선거에서 당선자를 가려낸다. 토피카
시의 시장직은 시간제 근무직이 아닌 정규 근무직이며 보수
는 1997년 당시 연 6만 달러였다. 시장은 시-행정관과 각 부
서의 장을 임명하는 권한을 갖는다. 시장은 의회를 주재하는
데 시장의 의자는 일반 의원들의 의자보다 훨씬 큰 의자를 사
용하는 것이 이색적이다. 시장은 가부可否 동수일 때에만 표결
권을 갖는다. 시장에게 관사는 제공되지 않으며 운전도 직접
해야 한다.

토피카 시 의원은 이미 언급했듯이 9명으로 각 구역별 주
민의 직접선거로 선출되는데, 이들도 당을 표방할 수 없다.
임기는 4년이지만 시차임기로 5명이 첫 홀수 년에, 4명은 그
다음 홀수 년 즉, 2년 순차로 교체 선출된다. 이들은 주 4회
일과 후에 시간제로 근무하는데, 실은 주 2회 근무하는 셈이
다. 주 2회는 30분 정도 잠깐 근무하기 때문이다(앞 부분의 시

의회 편 짧은 회의 참조). 보수는 연 8천 달러이다. 그것도 1998년 1월부터 인상된 액수이다. 더욱이 유의할 점은 토피카 시의 헌장에는 시를 기속하는 모든 계약은 의회의 승인을 받은 뒤에라야 시장이 서명(결재)할 수 있게 되어 있다. 이는 우리에게 시사하는 바가 크다.

미주리 주의 제퍼슨 시나 캔자스 주의 토피카 시가 모두 시-행정관제로 시장이 행정관을 임명하며 경찰서장도 시장이 임명한다. 앞서 설명한 4개의 정부 형태에서 보았듯이 미국의 시에는 부시장제가 없다. 시장이 자리를 비우면 의원들 가운데 한 사람이 시장직을 대행한다. 그러므로 시 의원 가운데 1명을 보통 1년 임기의 부의장President pro tem으로 선출한다. 이 부의장이 시장 부재중에 부시장 역할을 하는 것이다. 'pro tem'이라는 말은 'pro tempore'를 줄인 말로 '임시의' 또는 '잠시의'라는 뜻의 라틴어에서 유래되었다.

제퍼슨 시나 토피카 시는 모두 TV 방송에 시정 채널을 가지고 있어 시의회의 회의 내용을 전부 생중계하고 재방송까지 한다. 그리고 평소에는 각종 시정 홍보와 각 사회단체의 봉사활동 프로그램이나 자원 봉사자 모집 등의 광고를 지속적으로 방영한다. 그런 방송 가운데 가정 폭력으로부터 부녀자들을 언제든지 보호해주는 수용처가 있다고 알려 주던 안내 방송이 생각난다.

제퍼슨 시나 토피카 시 모두 시영 골프장public golf courses을 운영한다. 골프장 외에도 야외 수영장, 소공원, 취미 활동관 같은 시설을 운영한다. 이런 시설의 운영을 위해 공원 및 레크리에이션 위원회가 있다. 그런데 골프장처럼 운영 관리비가 많이 드는 시설도 영리 목적보다 시민들에게 운동 기회를 제공하여 여가를 선용하게 하는 것을 주목적으로 하고 있다. 실제 캔자스 주 샤니 군Shawnee County의 경우, 골프장 등 운영 수입은 소요 예산의 65퍼센트 정도에 지나지 않는다고 했다. 그러나 주민들의 여가 선용 기회를 증진하고자 운영하는 것이다. 그러면 이제부터 군에 대해 살펴보기로 한다.

2. 군County Government

1) 군의 규모와 내력

군County은 미국의 정부조직에서 가장 기본이고 핵심체라 할 수 있다. 왜냐하면 군은 미국이 하나의 국가로 탄생하기 전인 식민지 때부터 있었고, 나중에 여러 군을 모아 주State를 만들었기 때문이다. 앞서 언급했듯이 미국에서는 지극히 드문 경우를 빼고는 대도시도 일단 군에 소속되어 있다. 미국은 군의 수가 3천 개가 훨씬 넘는다. 그런데 면적이나 인구 규모 면에서 차이가 대단히 크다. 면적에서도 많은 차이가 있지만 인구 차이도 두드러진다. 인구가 제일 적은 군은 2008년 7월 현재 고작 42명(Loving County, Texas)인가 하면, 제일 많은 곳은 986만 2천 50명이나 된다(Los Angeles County, Calif.). 물론 군의 인구에는 그 군 안의 큰 시 인구도 포함된다.

이 같은 극단의 차이를 떠나 당시 전반적인 인구 규모의 실태를 예로 들면, 캔자스 주에는 총 105개 군이 있는데 인구

2만 5천 명 이상은 22퍼센트에 지나지 않고 32개 군이 인구 5천 명 미만이다. 중간 정도라면 약 7천 8백여 명 정도다. 그런데 캔자스 주의 당시 전체 인구는 257만 2천 명으로, 50개 주 가운데, 32위의 인구 규모(면적 8만 2,282평방마일(15위), 인구밀도 약 31명)인 점을 감안하면, 개략적인 상황을 이해하는 데 조금이나마 도움이 될 듯싶다(2008년 현재 캔자스 주의 인구는 280만 2,134명으로 50개 주 가운데 33위).

이미 언급했듯이 아주 드문 예외가 있지만, 군은 일반적으로 집행부와 의회가 구분되지 않는다. 대체로 3명의 위원 또는 군수Commissioner로 구성된 군수 단County Commission이 집행부이자 의회다. 군은 역사적으로 위원회 형 정부 형태를 유지해 왔다. 미주리 주의 경우 1985년 1월 이전의 군수단은 곧 군의 재판관County Court이나 마찬가지였다. 당시에는 주민 투표로 뽑힌 군 법원의 판사가 군수 겸 군의원commissioner 구실을 했다고 한다. 지금도 군청 건물안에 법원(법정)이 있다. 물론 주 정부에 소속되는 법원이며, 군청 지하실에는 영창도 있다. 그런 연고로 미국에서는 군청을 그냥 'Court House'라고 한다.

군수Commissioner는 대개 3명인데 군 전체를 3개 구역으로 나누어 구역별로 선출하기도 하고, 2개 구역으로 나누어 2명은 구역별로 뽑고 1명은 전 구역을 대상으로 뽑기도 한다. 이때 전 구역을 대상으로 뽑힌 군수는 군수단Commission 회의

를 주재하고 보수도 다른 두 명보다 더 받는다. 이들도 시간
제 근무 직위다. 또 시차임기제로 3명을 한꺼번에 다 바꾸는
것이 아니라 시차를 두고 뽑기도 한다. 이들은 정당을 표방
한다.

2) 군의 분류Classification of Counties

미주리 주에서는 군도 시와 같이 몇 개의 등급으로 분류한
다. 군은 인구에 따라 분류하지 않고 군 전체의 자산평가 등
급에 따라 4등급으로 나누고, 그 등급에 따라 정부 형태를 임
의로 또는 제한적으로 선택하게 된다. 미주리 주 헌법(Art VI,
Section 8.)은 4등급을 초과할 수 없다고 규정하고 있는데, 그
분류 예를 보면 다음과 같다.

  - 1급(Class 1): 4억 5천만 달러 이상
  - 2급(Class 2): 3억~4억 5천만 달러 미만
  - 3급(Class 3): 3억 달러 미만
  - 4급(Class 4): 평가 미달 수준*

  1급 군이나 인구 8만 5천 명 이상인 군은 완전 자치적인 정

---

* 위 분류 근거: RSMO(Missouri Revised Statutes) 48.020. 4급 군의 기준으
  로 법령에는 다른 복잡한 설명이 있으나 다른 설명은 생략, 1997년 현재
  4급 군에는 5개 군만 해당 됨.

부 조직a governmental structure under a home-rule charter을 채택할 수 있고, 군의 헌장Charter을 임의로 채택하거나 수정할 수도 있다. 이러한 인구가 8만 5천 명 이상인 군은 사실상 특별군A separate class of counties from classification system으로 간주된다. 즉 헌법상 군의 4등급 분류 원칙에도 불구하고 별개의 지위를 누리는 것이다. 1급 군으로 2년 이상 등급 지위를 계속 유지한 군도 특별군으로 간주된다(MO Constitution-Art. VI, Section 18(a)*). 그 밖에도 복잡한 설명 거리가 있으나 일단 생략한다. 그리하여 어떤 군(St. Louis County, MO)은 시와 같은 체제로 이루어져 7명의 의원으로 구성된 별도의 의회를 갖고 있기도 하다.

캔자스 주에는 이와 같은 군의 등급 분류 제도가 없다. 그러면 지금부터 캔자스 주와 미주리 주의 수도Capital가 속해 있는 군의 실례를 들어보기로 한다.

3) 2개 군의 비교

(1) 캔자스 주의 샤니 군(Shawnee County, KS)

샤니 군Shawnee County은 캔자스 주의 105개 군 가운데 네 번째로 큰 군으로, 수도인 토피카 시가 이 군에 속한다. 인구는

---

* Section 18(a)의 (a)는 Sub-section이라 한다. 그 다음에 만약 (1)이 나오면 이것은 Paragraph라 한다.

당시 약 17만 명으로, 여기에는 토피카 시의 인구 약 12만 3천 명이 포함된 것이다.* 군수 겸 군 의원 격인 Commissioner는 3명으로 군을 3개 구역으로 나누어 구역별로 선출된다. 임기는 4년의 시차임기제라 짝수 해에 1명을 교체 선출하고 2년 주기로 그 다음 짝수 해에 2명을 교체 선출한다. 이들은 정당을 표방할 수 있고 일차 선거와 총선거, 두 번의 선거로 뽑는다. 여기서 유의할 점은 샤니 군의 경우 군수단 선거는 정당 표기가 가능하나, 토피카 시의 시장과 시 의원 선거에는 정당 표기가 불가능하다는 것이다. 한 군 안에서도 시와 군이 이처럼 독자적이다.

이들 가운데 1명은 수석 군수Chair Commissioner로서 군수단 회의를 주재하는데, 수석 군수는 서로 상의해 결정하거나 돌아가며 차례로 역임하기도 한다. 그 다음 한 사람은 'Vice-Chairman Commissioner'라고 부르고, 남은 한 사람은 'Member Commissioner'라고 한다. 물론 군수에 대한 이런 호칭도 주마다 각기 다르다. 이들도 모두 일주일에 3번 오전에만 잠깐 근무하는 시간제 근무직으로, 연간 보수는 1인당 3만 8천 달러에 월 2백 달러의 차량 수당을 받고 있었다.

이들의 회의는 3명이 나란히 앉고 속기사가 함께 자리한 상태에서 간부들로부터 각종 보고를 합동으로 받는 형식이다.

---

* 2008년 현재 인구: Shawnee County － 17만 4,709명, Topeka － 12만 2,647명(Google 자료)

3명의 군수가 군수 회의를 진행하고 있다. 오른쪽 여자는 속기사.

어떤 사안의 결정은 3명 가운데 2명이 결재하면 가결된다. 1997년 현재 남자 2명 여자 1명으로, 공화당 소속 2명과 민주당 소속 1명으로 구성되어 있었다.

군 단위에서는 군수와 지방법원 판사Circuit Court Judges 외에도 6개 직위가 4년 임기의 선출직이다. 군의 검사District Attorney와 경찰서장Sheriff, 내무과장County Clerk, 재무관Treasurer, 등기 담당관Register of Deeds과 지적과장Surveyor은 선출직이다. 내무과장이라 번역한 'County Clerk'은 3인의 군수 회의의 사무장the secretary of the board of county commissioners 역할을 하며 모든 회의 기록을 관리하고 예산, 봉급, 각종 과세자료 취합 등의 업무를 담당한다. 선거관리위원회가 따로 구성되지

않은 비교적 작은 군에서는 내무과장이 선거 업무를 담당한
다. 등기 담당관Register of Deeds은 'Recorder of Deeds'라고도
하는데, 소유권 등기 등 우리의 등기소 업무 담당 직책으로
각종 부동산 소유권을 보호하는 일을 담당하고 있다. 'Deeds'
는 토지 소유권을 나타내는 증서를 뜻한다. 나머지 직책은 대
략 그 명칭이 뜻하는 그대로이다.

그 밖의 직책은 모두 임명직인데 기구표로 보면 다음과 같다.

표에 제시된 직책 가운데 'Counselor'는 법무관, 'Appraiser'
는 자산평가관, 'Refuse'는 청소담당관, 'Coroner'는 검시관檢屍

군 기구표

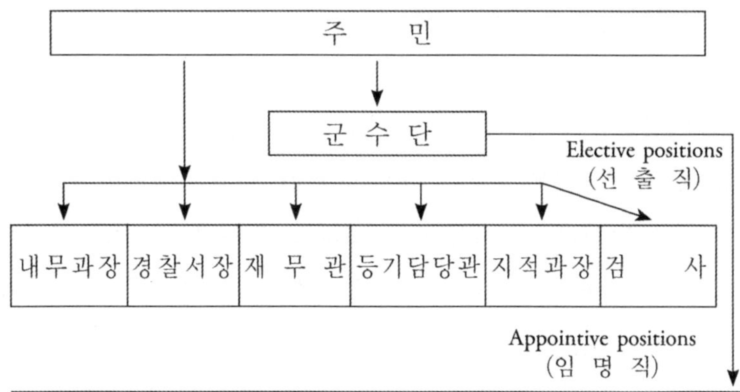

官으로 관내의 모든 의문사에 대한 조사를 담당한다. 정규직으로 근무하기보다 대개 사건이 생기면 전문가를 위촉해 쓰고 수당을 지불한다. ‘Noxious Weed Department’는 주로 도로변의 독초 제거가 임무이다. ‘Correction’은 교정(형무소나 소년원 상대의) 담당관이고, ‘Zoning Administrator’는 각종 구획 업무를 담당하는 구획담당관이다. ‘Public Works’는 우리의 건설과에 해당하며, 과장은 ‘Director’라 부르지 않고 ‘Engineer’라 한다. 그 밖의 직책은 그 명칭이 뜻하는 그대로이다.

그런데 위의 여러 직위 가운데 인사관리 측면에서 특이한 세 자리가 있다(KS). 군의 별개의 조직인 선거관리위원장 Election Commissioner과 자산평가관Appraiser, 그리고 건설과장 County Engineer 자리가 그렇다.

자산평가관은 군 안의 자산 평가를 담당하는 직책으로 자격증을 가진 사람들 가운데서 군수단Board of Commissioners의 합의로 임용하는데, 반드시 주 정부 세무성The State Department of Revenue의 승인을 받아야 한다. 이 평가관은 임명직이지만 4년 임기제인 것이 특이하다. 그러나 후임자가 결정될 때까지 연임할 수 있어 문제점이 없는 한 계속 근무하는 자리이다. 인구 2만 명 이상의 군에서는 정규직이지만, 인구 2만 명 또는 그 이하의 군에서는 시간제 근무직으로 운영할 수 있도록 주 관계법으로 규정하고 있다.

선거관리위원장은 토피카 시를 포함한 군 전체의 선거 사무를 담당한다. 대개 큰 시가 아니고서는 시 단위에서는 선거사무를 보지 않고 군에서만 선거 사무를 본다. 캔자스 주에서는 인구 13만 명 이상인 군에만 선거관리위원회Election Commission를 둔다는 명문 규정(KSA 19-3419)*을 두고 있다. 그런데 여기서 'Commission'이라고 한 것은 우리가 지금까지 논해 온 그 'Commission'과는 다르다. Commission형 기관은 아니라는 뜻이다. 여러 위원으로 구성된 Commission이 아니라 선거관리위원회를 그냥 'Commission'이라고 부르고 위원장만 'Commissioner'라 한다. 앞에서 언급했듯이 선거관리위원회가 구성되어 있지 않은 작은 군에서는, 선거 사무를 군 내무과에서 담당한다. 그런데 이 선거관리위원장은 군에 소속되지만 주 정부의 선출직인 법제사무처장Secretary of State이 직접 임명한다. 자격은 2년 이상 군 내에 거주하는 사람이어야 하며, 4년 임기제이지만 후임자가 임명될 때까지 계속 근무할 수 있다.

건설과장County Engineer은 주 정부 교통성 장관 승인 아래 군수단에 의해 임용된다. 물론 해당 분야 자격증이 있어야 한다. 이 자리는 임기가 1년으로 되어 있어 매년 6월 1일이면 종료되나, 이 또한 후임자가 임명될 때까지 근무할 수 있다. 어쨌든 각종 공사가 만족스럽지 못하면 주 건설교통성에서 그의 교체를 쉽게 요구할 수 있고, 군수단에서도 어렵지 않게 교체할 수 있다. 대개 이와 같은 특수 직위의 임기가 4년으로

---

* KSA 19-3419: 캔자스 주 법령 번호를 뜻하는데 이들은 법률이 단위 법으로 갈라져 있지 않고 연 번호로 나간다. KSA는 Kansas Statute Annotated(법령집)의 약자로 19는 장Chapter을, 34는 절Article을, 19는 조Section를 뜻한다.

되어 있는데, 건설과장 자리만은 임기를 1년으로 규정하고 있는 것은 각종 부실 공사를 원천적으로 막아내려는 강력한 의지가 제도로 뒷받침되어 있는 것으로 보인다.

이처럼 선출직이 아닌 임명직에 대해 임기제를 두고 있는 자리는, 우리가 말하는 이른바 부조리에 비교적 취약하거나 여론에 예민한 자리라 할 수 있겠다. 그리고 그 취지에는 그런 직책에 선임된 이들에게 어떤 문제가 있을 때 쉽게 교체하려는 뜻과 함께, 그 직책에 있는 이들을 보호하려는 뜻도 함께 담겨 있는 것으로 보인다.

이들과는 다른 특징을 가진 조직이 있다. 바로 청소과Refuse Division가 그렇다. 청소과에서는 대부분 청소부인 직원 70명과 청소차 22대로 3만 가구의 가정집과 여러 업소의 청소, 쓰레기 치우기, 폐품 재활용 업무를 담당한다. 그런데 군의 예산을 쓰지 않고 자체 수입을 조성해가며 자립으로 운영하고 있는 것이 이채롭다. 더욱이 청소행정과 관련해 우리에게 참고가 될 수 있는 내용은 제6부에서 다루기로 한다. 다음은 미주리 주의 경우를 알아본다.

(2) 미주리 주의 콜 군(Cole County, MO)

미주리 주의 제퍼슨 시Jefferson city가 소속되어 있는 콜 군은, 당시 인구 6만 2천 명(당시 제퍼슨 시 인구 약 3만 6천 명 포함)*으로, 군수단은 역시 3명으로 구성되어 있다. 이 군에서는 선거구를 동부와 서부로 나누어 군수 가운데 2명은 동서 각 구역별로 뽑고, 1명은 군 전체를 대상으로 뽑는다. 군 전체에서 뽑힌 군수를 수석 군수Presiding Commissioner라고 부르고, 그가 군수단 회의를 주재한다. 다른 두 군수는 배석 군수Associate Commissioner라 부르며 이들은 보수에도 차이가 있다. 이들도 모두 시간제 근무직인데 일주일에 세 번, 월·수·목요일 오전 근무만 한다. 수석 군수는 당시 연 3만 1천 달러, 배석 군수는 연 2만 9천 달러를 받게 되어 있었다. 이 액수는 1997년에 결정된 것이나 1998년 11월부터 시행하기로 되어 있어서 그렇게 표현하는 것이다. 그 당시에는 이보다 적은 액수를 받고 있었다.

그러면 실제 군수는 어떤 사람들이 할까? 캔자스 주 샤니군Shawnee County의 경우, 2명은 개업 변호사였고 한 사람은 가정주부지만 군 내무과장 출신이었다. 미주리 주의 콜 군Cole County은 그 당시 3명의 군수 가운데 2명은 농부였고, 한 사람은 제지협회 같은 곳에 근무하던 이로 기억된다. 시간제 근무자인 시장·군수는 누구나 본업을 가질 수 있다.

이곳에서도 군수 출마자는 정당을 표방할 수 있고, 선거관리위원회는 따로 설치되어 있지 않아 군 내무과에서 선거 사무를 담당한다. 시에서는 선거 사무를 보지 않고 군에서만 선거 업무를 본다. 군수단 외에도 군에는 11개의 선거직이 있

---

* 2008년 현재 인구: Cole County − 7만 4,313명, Jefferson city − 3만 9,613명(Google 자료)

다. 보통 군 법원이라 일컬어지는 주 정부의 지방법원 판사 Circuit Court Judges를 포함해서 내무과장County Clerk, 재무관, 세금징수관Collector, 경찰서장, 사회담당관Public Administrator, 등기 담당관Recorder of Deeds, 검사, 감사관Auditor, 자산평가관 Assessor과 법원 서기가 선출직이다. 여기서 사회담당관으로 지칭한 'Public Administrator'는 우리가 앞에서 언급한 시-행정관과는 다른 직책이다. 마치 우리의 사회과에서 하는 생활보호 대상자 관련 업무를 담당하는 직책이다.

이들의 조직 구성에서 눈여겨 볼 대목은 세금 부과관인 자산평가관Assessor과 세금징수관Collector을 분리하고, 둘 다 선출직으로 되어 있는 점이다. 평가관은 재산의 가치를 과세 목적으로 평가해서 세액을 정하고 그 자료를 내무과장에게 제출한다. 내무과장은 평가관이 제출한 자료 등 각종 과세 자료를 취합해 두 권의 책자(과세 원부)를 만든다. 하나는 군 부동산 과세 원부a county real estate tax book, 하나는 개인 재산세 원부a personal property tax book이다. 그러면 징수관은 이 책자에 의거하여 세금을 징수한다. 세금의 부과와 징수에 누수를 막고 투명성을 기할 수 있는 대안을 접하는 것같이 느껴진다.

지금까지 보아온 바와 같이 캔자스 주와 미주리 주가 인접해 있음에도 시·군 제도에 다른 점이 많다. 캔자스 주처럼 주 정부에서 인사에 간여하거나 임기제를 두고 있는 직책이 있는가 하면, 미주리 주는 그런 제도를 두지 않고 있다. 주 정부의 장관 임명의 경우도 캔자스 주에서는 보다 정치적인 임용인가 하면, 미주리 주에서는 주 정부뿐만 아니라 시·군 단위까지 선출직의 임기 제한을 규정하고 있는 등 여러 가지 차이점이 있다.

3. 시 · 군 단위의 위원회
Boards or Commissions

　시·군 단위에도 각종 위원회가 있다. 시의 경우, 인구 4만 명 미만의 제퍼슨 시에는 자그마치 17개의 위원회가 있다. 몇 가지 예를 들면 공원 및 레크리에이션 위원회, 역사보전위원회, 환경위원회Environmental Quality Commission, 교통수송위원회 Transportation & Traffic Commission, 도서관 위원회Library Board 등이다.

　군 단위에도 몇 가지 전형적인 위원회가 있다. 비교적 대표적이라 할 수 있는 것으로는 공원 및 레크리에이션 위원회, 도시계획 위원회, 공평 부과 징수 위원회Board of Equalization, 선착장 위원회Port Authority 등이 있고, 감옥 방문단 위원회 Board of Jail Visitors라는 것도 있다. 감옥 방문단 위원회는 위원이 대개 6명으로 주 지방법원 판사가 임명하는데, 이들 가운데 3명은 여자로 임명해야 하고 한 정당 소속원이 3명을 초과할 수 없게 되어 있다. 이들의 임무는 감옥의 실태를 심사하고 보고하는 일이다.

위에 언급한 각종 위원회가 모든 시와 군에 다 있는 것은 아니다. 시·군의 규모와 여건에 따라 있는 것도 있고 없는 것도 있다.

4. 시·군 단위 기구의 특이한 사례들

1) 사설 소방서와 사설 형무소

미국에는 사설 소방서와 사설 형무소가 있다. 캔자스 주에 당시 인구 13만 2천 명이던 오버랜드 파크 시the City of Overland Park가 있는데, 사설 소방국이 있고 그 산하에 4개의 소방서가 있다. 시에서는 1997년 당시에도 연간 850만 달러를 지불하여 이 사설 소방국과 계약을 맺고, 시의 소방업무를 백 퍼센트 이들에게 의존하고 있었다.

이 사설 소방국은 무보수로 일하는 5명의 민간 임원진Board of Directors에 의해 운영된다. 산하에는 4개 소방서를 통틀어 130명의 유급 직원과 12명의 의용 소방대원으로 이루어져 있다. 그 가운데에는 90명의 소방관과 15명의 구급차 관계 기술자(시간제 근무직), 화재감식 요원, 행정요원들이 포함되어 있다. 기구는 4개의 부서로 편성되어 있는데, 화재 진압, 화재 분석, 훈련, 소방대상물 조사 및 홍보 부서로 나뉜다.

비록 사설 소방서이나 연방 소방청National Fire Protection Agency의 규정을 철저히 준수하며, 시설·장비 면에서도 일반 소방서와 조금도 다를 게 없어 보였다. 소방관의 계급은 서장captain - 소방위lieutenant - 소방관firefighter의 3단계로 구분하고 있다. 그런데 근무체제가 특이하다. 즉, 1인당 9일 단위로 3일간을 격일제로 근무하되 24시간 근무 교대제로 하고 있다. 따라서 9일마다 3일은 24시간 근무하고 6일은 쉬는 날이 된다.

한편 미국에서는 형무소 시설이 부족할 경우, 죄수를 사설 형무소에 위탁 수용한다. 그러니 사설 수용소는 곧 개인기업이다. 미주리 주에도 형무소 시설이 부족해 텍사스 주의 사설 형무소와 계약하여 죄수들을 위탁 수용하고 있다. 다른 몇몇 주에서도 같은 사정으로 텍사스 주의 사설 형무소를 이용하고 있다고 한다. 그런데 1997년도에 이 사설 형무소 측이 미주리 주에서 위탁한 죄수들을 학대한 사실이 밝혀져, 계약을 해지하고 죄수들을 미주리 주로 이송하는 사태가 벌어지기도 했다.

2) 개인 회사에 의해 운영되는 보건소

캔자스 주 샤니 군의 보건소는 1996년까지 토피카 시와 공동으로 운영되는 체제였다. 그런데 이 보건소가 계속 적자를 내게 되자, 1997년부터 군 소속으로 관리 전환을 할 목적으로 개인 회사(Medical Service Corporation)와 계약을 맺어 1995년부터 위탁 운영에 들어갔다. 그리하여 이 회사의 직원 3명이 보건소에 상주하며, 보건소 운영을 하나하나 점검하고 운영의 능률화와 수입 최대화 작업에 착수하였다. 이러한 작업을 위해 계약 회사에 지불하는 돈은 월 1만 2,900달러라고 했다.

지금까지 예시에서 보아온 바와 같이, 미국에서 시와 군은 지리적으로는 시가 군의 구역 안에 내재하는 행정단위이지만, 행정은 독자적으로 수행하며 때로는 협력적 관계로 대등하게 업무를 집행하는 점이 이채롭다. 그러면 시와 군의 관계를 좀 더 자세히 알아보자.

5. 시와 군의 관계

미국에서 군은 일차적으로 주 정부의 분신이라 할 수 있다. 그래서 군은 각급 도시와 주 정부를 연결하는 역할을 한다. 이미 앞에서 언급했듯이, 미국에서는 지극히 드문 예외를 빼고는 대도시도 일단 지리적으로 군 관할에 속한다. 그래서 군의 인구를 말할 때, 군 내의 큰 도시의 인구도 포함된 숫자이다.

시와 군의 관계를 파악하기 위해, 캔자스 주의 토피카 시와 샤니 군, 미주리 주의 제퍼슨 시와 콜 군의 관계를 예로 들어본다. 이 두 개의 시·군 관계에서 선거 사무는 어느 쪽에서든 군에서만 취급한다.

바로 이 점에서 군은 주 정부의 정치적 분신이라 할 수 있다. 사실 인구는 시가 훨씬 더 많은데도, 선거 업무는 군의 고유 업무이다. 큰 도시에서는 시가 독자적인 선거관리위원회를 갖고 있다고 하나 기본적으로 선거관리 업무는 군에서 담당한다. 그리고 시에 거주하는 시민들은 군의 각 선거직에 대해서도 투표를 한다. 시민이면서 동시에 모두 군민이기 때문이다.

토피카 시와 샤니 군의 경우 도시계획 업무처럼 서로 연관된 업무는 공동사무실을 운영하는데, 이때 직원의 보수는 일단 시에서 부담하고 군에서는 해당 몫을 시에 지불한다. 그 대표적인 것이 토피카-샤니 군 도시계획위원회The Topeka-Shawnee County Metro Planning Committee이다. 이들은 예산을 대략 절반씩 부담한다. 이곳에는 15명의 직원이 있는데 9명은 시에서, 6명은 군에서 임명한다. 그리고 이 위원회의 장(국장)은 일단 시의 소속으로 치는데 임명은 시장과 군수단의 표결 majority vote에 의해 임명된다.

시와 군의 일반 행정 처리는 지극히 독자적이다. 예를 들어 어느 시가 각종 회의 유치 사업을 위해 회관Convention Center 건립 계획을 가지고 있다 치자. 이때 재원 마련을 위해 시에서 새로운 시세city tax를 신설하고자 하면, 주법이 정하는 절차에 따라 군으로부터 아무런 간섭 없이 시세를 신설할 수 있다. 이런 경우는 시세 신설 여부를 주민들의 투표로 결정하는데, 세율은 주법이 정하는 상한선을 초과할 수 없게 되어 있다(MO).

시와 군의 관계를 잘 설명해 주는 또 다른 예를 하나 들어보자. 미주리 주 제퍼슨 시의 경찰서에는 유치장이 없다. 그래서 범인을 잡으면 군 경찰서 유치장을 이용하는데, 그 대신 범인 수감에 따른 모든 소요 경비는 시에서 부담한다. 그리고 시의 경찰과 군의 경찰은 제복도 서로 다르다. 경찰조차 없는 아주 작은 시에서는 군 경찰에 치안을 위탁(의존)하고, 여기에 드는 경비는 시에서 부담한다(앞서 언급했듯이 군의 경찰서장은 선거로 뽑고 시의 서장은 시장이 임명한다).

또 다른 예를 들어 본다면, 미주리 주의 콜 군 안에 인구가 고작 170명 정도인 로먼Lohman이라는 아주 작은 시(실은 village)가 있다. 이 시에서는 시세(재산세) 징수를 군에 위탁하고 있는데, 군에서는 이를 징수하여 징수금의 99퍼센트만 시에 넘겨주고 1퍼센트는 징수 수수료로 군 세입으로 잡는다. 제퍼슨 시에서도 군에 재산세property tax 징수를 위탁하고 있는데, 이것은 시와 군의 계약으로 이루어지는 관계이다.

이상에서 보는 바와 같이, 시가 지리적으로는(territorially) 군에 소속되나 행정적으로는 서로 아주 독자적이다. 비록 행정 주권 면에서는 시와 군이 독립적 관계를 유지하고 있지만, 선거 업무와 같이 주나 군 전체에 공통되는 업무는 원칙적으로 군에서 관리하는 체제이다. 바로 이런 점이, 군을 주 정부의 분신 같은 존재로 부각되게 하는 경우이다.

※ 집행부 설명을 마감하며

지금까지 집행부를 2개 부로 나누어 그 대강을 살펴보았다. 그러면 미국 주 정부와 시·군의 기본 골격에서 중요한 면면을 한번 총 정리해 본다.

미국의 주 단위는 하나의 국가와 같은 편제로 이루어져 있다. 주지사의 권한은 한 나라의 대통령이 행사하는 권한과 거의 같다. 다만 외교권과 대외 선전포고권만 없는 셈이다. 주지사에게 이토록 많은 권한은 주었지만, 독선은 하지 못하게 여러 단계의 견제 장치를 해 놓고 있다. 때문에 누가 주지사가 되어도 자의적인 행정은 할 수 없도록 제도적으로 확실하게 장치를 해 놓은 그 지혜에 감동을 느끼게 한다.

게다가 모든 행정의 절차와 과정, 그리고 그 내용이 투명하게 공개하게 되어 있다. 그리고 정당 체제가 잘 뿌리 내려 미국 사회가 마치 하나의 뼈대 있는 가문처럼 느껴지게 한다. 그런 가문에서 깨끗한 선거 과정을 거쳐 배출된 의회, 집행부, 그리고 지방법원의 선출직들이 주와 시·군에서 일한다. 이들을 뽑는 과정에서 어느 누구도 소외되거나 배제되지 않는다.

미국 정부, 특히 주 정부 집행부의 기본 틀을 정리해 보면 다음과 같다.

- 의회는 법을 만들고, 집행부는 그 법을 시행하며, 법원은 그 법을 해석하는 기본 틀에다,
- 주지사가 주 정부의 장관을 임명할 때에는 반드시 상원의 동의를 받아야 하고(MO),
- 대체로 백년대계百年大計를 다루는 부서의 장관은 해당 분야의 전문가들로 이루어진 위원회를 구성하여 그 위원회에서 장관을 선임하게 하고,
- 이 위원회의 위원들은 주지사가 상원의 동의를 얻어 임명하되, 한 정당 소속원이 과반수를 넘어서도 안 되며, 시차임기제로 해마다 대개 한두 명이 순차 교체되도록 하여 결국 주지사의 독선도 막고 정치로부터 오염도 차단하며,
- 각 부서의 각 실무위원회는 소관 업무별로 기본 시책이나 업무 계획에 대하여 전문가의 시각에서 자문 역할을 수행하고, 각 기관의 장이나 각 부서 장의 권한도 견제하는 동시에 주민의 행정 참여의 폭도 넓혀 중지를 모으는 효과도 함께 거두며,
- 주지사직 말고도 조직 체계상 최고 권력자의 명령계통에 두었을 경우, 쉽게 비리가 자행될 수 있거나 호도될 염려가 있는 직책(재무관, 검찰총장, 법제 사무처장, 감사관)은 모두 선거직으로(또는 의회의 권한으로)하여 주지사의 권한 행사의 전횡專橫을 막는가 하면,

- 주지사나 재무관의 임기를 1인 2회 8년만 역임할 수 있
  도록 제한하여 장기 집권도 막고, 재무관에 대해서는 연
  1회 감사토록 하는 등 다른 직책보다 엄격히 다룸으로
  써 원칙적으로 비리에 대한 예방 조치를 하고 있다.
- 모든 선출직의 선거 시기는 같으나, 감사관과 같은 직위
  만은 선거 시기도 달리하여, 주 정부 최고 권력자도 선
  거를 전후하여 언제든지 감시·감독할 수 있게 하거나
  (MO), 감사 기능을 아예 의회의 권한에 속하도록 한 점
  이나(KS),
- 시 단위에서도 시장이나 의회 의원은 1인 8년까지만 역
  임할 수 있게 한 제도,
- 의회를 시장이 직접 주재하며 의원들과 실무적으로 상
  의해 가며 일해 나가는 시정,
- 시·군이 일정한 원칙 아래 시·군의 정부 형태를 선택할
  수 있게 한 탈脫획일적 제도,
- 군에는 별도의 의회를 두지 않고 보통 3명의 군수단이
  군수 겸 군 의원 역할을 하도록 하여 저비용 고효율을
  지향한 제도,
- 시·군에도 많은 선출직을 설정한 정부 형태,
- 주 단위나 시·군의 주요 현안을 투표로 의사결정 하는
  방법,
- 선출직이 자신의 임기 동안에는 자신들의 보수를 인상
  도 인하도 할 수 없게 하고, 주로 민간인으로만 구성된
  선출직에 대한 민간인보수심의위원회제도,

- 군의 경찰서장이나 검사를 선거로 뽑는 제도,
- 의회의 승인 없이는 시의 부담이 되는 일체의 계약행위
  를 시장이 결재할 수 없게 한 제도,
- 투명한 로비제도,
- 모든 행정의 과정과 내용을 투명하게 하고 시 의회의
  회의 광경을 모두 생방송으로 공개하는 제도,

이러한 여러 제도들은 우리에게 시사하는 바가 크다.

우리도 저비용 고효율의 지방행정을 지향하려면 이와 같은 제도를 응용하여 우리 제도를 개편해 보면 어떨까? 하나의 예로, 우리도 군수를 3명으로 뽑아 군수단을 이루어, 이들이 시차임기제의 군수 겸 군 의회 의원의 역할도 하게 하는 제도로 바꾸어 보면 어떨까? 자립도가 대단히 낮은 우리의 군정 형편에 군정 비용을 많이 절감할 수 있어 좋지 않을까? 그것도 획일적으로 할 것이 아니라 현행의 제도대로 그냥 놔두거나, 저런 식으로 개량된 모형으로 바꾸거나 하는 문제는 주민 투표로 직접 결정(선택)하게 하면 어떨까? 또 이런 그림도 상상해 볼 수 있지 않을까? 어떤 정당이 군정 제도를 군민이 선택할 수 있게 고치겠다는 당 정책을 들고 나와 선거를 통해 결정하는, 이런 그림은 우리 형편으로는 아직 상상으로만 그쳐야 하는 것일런지?

대체로 첫눈에 드러나 보이는 선진국의 행정조직과 후진국의 그것과의 차이는, 선진국은 행정 계층 간 주종적 관계가

아닌 상호 존중 관계라서 평등하게 보이는 점이다. 그것은 각 계층의 주요 직위가 선출직이기 때문에도 당연히 그러하겠지만, 공무원들의 사고도 민주주의 감각으로 그만큼 세련되어 있기 때문이라 하겠다.

미국 정부의 풀뿌리 민주주의의 면면을 설명하자면 의회와 집행부의 제도 설명만으로는 불충분하다. 사법부의 면면도 빼놓을 수 없다. 그러므로 사법부에 대해서도 필자가 파악한 바를 간략히 소개하고자 한다. 사법제도에 대해서는 필자가 미주리 주에서 근무하는 동안 그곳에서 사귄 대학교수 경력의 변호사 출신 친구와 미주리 주 대법원장의 도움으로 비교적 어렵지 않게 파악할 수가 있었다.

제4부

법원과 사법제도의 이모저모

1. 법원의 계층 구조

지금까지 단편적으로 시의 판사Municipal Judges에 대해서는 언급했으니, 미국의 사법제도의 대강을 총체적으로 한 번 정리해 보자. 미국의 사법제도는 2원적 3계층 구조a three-tiered hierarchy로 되어 있다. 즉, 연방 정부에 지역법원District Court -고등법원Court of Appeals - 대법원the Supreme Court이 있고, 주 정부에도 지방법원Circuit Courts - 고등법원 - 대법원이 있다. 주 법원은 주법州法 저촉 사범을 다루고, 연방법원은 연방법 저촉 사범과 여러 주에 연루된 사건을 다룬다고 이해하면 된다.

연방법원 가운데 지역법원만이 실제 재판을 하는 법원a trial court이다. 다른 상급법원은 일차적으로 소송 당사자의 불복 상소가 있을 때 하급심을 심사해서 의견을 내려 보내준다. 이와 관련하여 미국 연방 대법원의 경우 어떻게 운영되는지 다음의 설명을 보면 알 수 있을 것이다.

연방 대법원의 법관은 9명으로 구성되어 있다. 대법원은 주말과 공휴일을 빼고는 10월부터 다음 6월까지 매일 회합한다. 대법관들은 10월 첫 월요일부터 2주간은 구두 변론oral arguments을 청취하고, 2주간은 휴정을 하고 사건을 심사숙고하며 그들의 의견을 작성한다. 판정은 대법관의 다수결로 결정하는데, 의견이 동수로 대치될 때는 하급법원의 판결이 그대로 지켜진다(to be sustained).

미국에서는 대법원만이 헌법상 요구에 따라 존재하는 유일한 법원이다. 이 말은 곧 만일 다른 하급법원을 증설하고자 할 경우, 그 결정은 사법부의 결정 사안이 아니고 의회에서 결정한다는 뜻이 담겨진 얘기이다.

2. 법원의 종류와 법관

　연방법원의 판사는 법관 자격을 갖춘 사람 가운데서 대통령이 상원의 동의를 얻어 임명하며 모두 종신직이다. 연방법원의 수는 1997년 당시 지역법원이 94개, 고등법원이 13개, 그리고 대법원 하나로 이루어져 있고, 다음과 같은 몇 개의 특별법원이 있다: 국제 무역법원the Court of International Trade, 군사 고등법원the Court of Appeals for the Armed Forces, 재향군인 항소법원the Court of Veterans Appeals, 세무법원the Tax Court, 파산법원the Bankruptcy Court(지역법원 급)과 청구심 법원the Court of Claims. 청구심 법원은 미국 정부에 청구하는 모든 보상 등의 문제를 다루는 법원이다. 법원이 이렇게 사안별로 전문화·세분화되어 있는 점도 눈여겨보아야 할 대목이다.

　주마다 각급 법원의 판사 선임 방법이 조금씩 다르겠으나, 미주리 주의 경우 지방법원Circuit Court 판사는 관할 구역 안에서 선거로 뽑는 선출직이다. 이 지방법원은 구성이 좀 복잡하다. 지방법원은 지방심판부Circuit Division, 보조 지방심판부

Associate Division, 시부 심판부Municipal Division, 청소년 심판부 Juvenile Division, 가정법원부Family Court Division, 보호관찰부 Probate Division의 6개 심판부Division로 나뉜다. 그런데 일반적으로 청소년 심판부가 청소년 법원Juvenile Court, 시부 심판부가 시의 법원Municipal Court으로 불린다. 지방심판부에서는 2만 5천 달러 이상의 민사소송, 중죄인felony이나 각종 비행 사건을 다루고, 보조 지방심판부에서는 2만 5천 달러 이하의 민사 소송과 교통사범 등 더 경미한 사건을 다룬다. 한편 지방 심판부 판사의 임기는 6년이고 30세 이상이어야 하며, 보조 지방심판부 판사의 임기는 4년이고 25세 이상이라야 한다. 임기와 자격 기준이 각기 다르고, 이들에게 연임 제한은 없다. 판사를 선출하는 선거도 당적 표방선거로 다른 선출직과 마찬가지로 두 번의 선거를 치른다. 물론 법관 자격을 갖춘 이들을 대상으로 뽑는다. 시의 판사Municipal Judges 선출은 이미 언급했듯이, 각 시의 헌장이나 조례의 규정에 따르기 때문에 도시마다 다르다. 시의 판사는 시를 논할 때 언급했으므로 더 이상 설명을 생략한다.

주 고등법원과 대법원 판사는 주지사가 상원의 동의를 받아 임명한다. 주 대법원 판사도 점차적으로 대법관으로 불리고 있고, 미주리 주의 경우는 대법원 판사가 7명으로 구성되어 있다. 대법원장은 2년마다 돌아가며 역임한다. 연방법원의 경우 모두 종신직이나, 미주리 주의 경우 각급 법원의 판사는 70세를 정년으로 하고 있고, 고등법원과 대법원 판사의 임기는 12년이다.

3. 대법관 선임의 특이한 방식

미주리 주에서는 대법원 판사 선임에 독특한 방법을 써서 미국 사법사에 큰 기여를 한 바가 있다. 미주리 주에는 대법원 판사 후보를 천거할 법관천거위원회Nonpartisan Judicial (Nominating) Commission가 있다. 이 위원회는 7명으로 이루어져 있으며 당을 표방할 수 없다. 각 고등법원 관할구역(3개소)의 변호사회에서 선출된 변호사 3명, 주지사로부터 위촉된(appointed) 각 고등법원 관할 구역을 대표하는 일반인 3명, 그리고 이 위원회의 당연직 의장인 주 대법원장으로 이루어져 있는 이 위원회에서 3명의 후보를 주지사에게 추천하면, 주지사는 그 가운데 1명을 대법관으로 선정한다. 이렇게 선정된 대법관은 일단 12개월 동안 근무한 뒤 첫 총선거General Election에서 그의 유임 여부를 투표로 결정한다. 이 투표를 '유임여부 결정 투표Retention Vote'라 한다. 이때 법관 유임을 묻는 별도의 투표지에 정당표방 없이 "아무개 판사를 유임시킬 것인가?"라고 묻는다. 만일 투표자들이 이 항목에 "No."라고 응답하게 되면 지금까지의 과정을 처음부터 다시 반복해야 한다. 12개월의 기간을 두고 정식 임용 후보를 시험·관찰한 다음 주민의 의사를 묻는 것도 분명 이채로운 제도이다.

지금까지 설명한 '임명과 선거'의 혼합식 선거방법을 '혼성식 법관 선출 방법(Hybrid Court Plan)' 또는 '미주리 식 선출 방법(Missouri Plan)'이라 한다. 이 방법은 1940년 미주리 주에서 처음 시작해 다른 주로 확산됨에 따라 미국의 대표적 판사 선정 방식(a national model)으로 자리 잡게 되어 그렇게 불린다. 이 방법은 다시 말해 법관 선정에 있어 임명직으로 해도, 선출직으로 해도 총체적으로 만족할 수 없어 개혁적인 차원에서 임명 방식과 선출 방식을 혼합한 절충식(hybrid)을 택했던 것으로, 이 방법이 대표적인 법관 선정 방식으로 자리매김하게 된 것이다.

4. 사법 시험과 변호사(법관) 양성

　그러면 법관은 어떻게 되는 것일까? 미주리 주의 경우, 법관lawyer(attorney) 지망자는 3년제 대학원 과정의 로스쿨Law School(법학전문대학원)을 마쳐야 한다. 대학 과정의 전공에 관계없이 누구나 시험을 거쳐 로스쿨에 입학할 수 있다.

　로스쿨을 마치면 주 법률 시험위원회State Board of Law Examiners에 의해 실시되는 사법시험Bar Examination*에 합격해야 한다. 이 시험위원회는 주 대법원에서 임명한 5명의 변호사로 구성되어 있으며, 이들의 임기는 5년이다. 그리고 이 시험은 매년 2월과 7월, 1년에 두 번씩 치른다.

---

* Bar는 원래 재판정에 방청석과 재판부를 구분하는 막대형 목제 칸막이를 뜻한다. 그 칸막이가 일약 법정이나 변호사(법관) 또는 법조계의 뜻으로 비약한다. 이런 경우를 수사학적 설명으로는 제유提喩Synecdoche라 한다. 예를 들면, 요즘 손이 모자라서…… 라고 말할 경우 진짜 손hand 이 모자란다는 얘기가 아니고 사람이 모자라는 경우를 말한다. 즉 신체 등 일부를 들어 전체를 말하거나 특수한 일면을 들어 일반적 표현을 나타내는 경우 따위다. 또 Bars 하면 때로는 철창 즉, 감옥을 뜻하기도 한다.

　필자가 보기에 미국의 각급 행정기관은 각 기관 장의 선출 뒤 많은 간부가 밀물과 썰물처럼 밀려가고 밀려 들어와도 아무런 동요 없이 굳건하게 안정되어 있다. 우리처럼 내부 순환적 인사이동이 아닌 외부로부터 유입되고 퇴출되는 인사임에도 불구하고 각급 행정조직이, 결국 그 사회가 차분하게 안정되어 있는 것은, 공무원 하위직에 순환보직 제도가 없는 등 여러 가지의 이유가 있겠으나 무엇보다도 가장 중요한 이유를 꼽으라면 어느 직장이든지 대체로 법률과 규정을 다루는 곳에는 부서마다 반드시 사법시험에 합격한 법무관attorney이 배치되어 있다는 점을 들 수 있다. 그러므로 조직의 상층부와 중간 관리직이 다수 바뀌어도 아무런 문제가 없다. 더욱이 우리는 직원이 자주 순환 전보되는 체제에서, 바뀐 직원이 새로 맡는 업무와 관계법령도 한동안 익혀가며 법령질의도 다루다 보니, 또 쉽게 훈련될 수 없는 법규 감각에도 문제가 있어 어처구니없는 오류를 범하게 되는 경우도 있고 보면, 미국의 이와 같은 제도는 참으로 부러운 제도라 하겠다.

　그러다 보니 미국에서는 주 정부에서만도 사법시험에 합격한 인원을 많이 필요로 하게 된다. 실제로 미주리 주 정부 안에는 각급 법원의 판사들을 제외하고도 사법시험을 거친 법무관이 자그마치 683명이나 근무하고 있었다.

　미주리 주 전체로는, 1997년 당시만 해도 530만 명의 인구 가운데 변호사 자격 소지자가 자그마치 2만 4천 명이나 되었다. 이들은 법률을 다루는 데도 계열별로 전문화가 되어 있다. 1인이 모든 법에 만능한 법률 전문가가 아니다. 법관 양성도 대학원 중심 교육제도를 통해 대학 과정의 다양한 전공자를 로스쿨 과정에서 모두 수용함으로써, 사회 각 분야별 법규 전문가를 자연스럽게 배출·확보하게 된다. 이처럼 사법 분야도 지극히 제한된 소수의 독점 영역에서 벗어나게 하는 것도 보편적 민주주의 실현의 한 과제일 것이라 여겨진다.

5. 배심陪審재판 제도

　미국의 사법제도를 논할 때 빼놓을 수 없는 것은 뭐니 뭐니 해도 배심원에 의한 재판 제도the trial by jury이다. 미국 헌법은 탄핵을 하는 경우를 제외한 모든 범죄의 재판은 배심재판에 따라야 된다고 규정하고 있다. 배심원에 의한 재판을 받는 것을 국민의 권리로 친다. 미주리 주의 헌법도 같은 맥락의 규정을 두고 있다. 배심재판을 받는 것을 권리로 친다는 얘기는 원치 않으면 배심재판을 받지 않을 수도 있다는 얘기다. 미주리 주에서는 그러하다.

　배심재판은 물론 재판법원trial courts에만 있다. 즉, 실제 재판이 이루어지는 주의 지방법원state circuit courts이나 연방 지역법원federal district courts에만 있다. 배심원에는 대배심원단grand jury과 소배심원단petit jury의 두 종류가 있는데, 대배심원은 형사사건에 기소할 충분한 증거가 있는지를, 소배심원은 그 증거들을 심사해서 유죄가 되는지의 여부를 판단한다. 대배심원은 지방법원 판사의 명에 따라 형사 사건에서 기소할 증거를 발견하고 거증擧證 가치가 있는지를 결정하는 일단의 특별 시민 심사단a special panel of citizens을 말한다.

배심원 선발은 법원이 선거인단 명부에서 뽑은 명단에 따라 관할 법원 서기의 심사·추천으로 재판장the chief justice이 결정한다. 대표적 사례로 연방 배심원의 경우를 보면, 관할 법원은 시민 1명을 지명하여 법원 서기와 함께 배심원 선정 과정에서 일련의 임무를 수행하게 하기도 한다. 곳에 따라서는 아주 드물게 3명까지도 임명한다. 이들을 '배심원 추천위원회Jury Commission'라 한다. 그런데 이때 뽑히는 위원은 법원 서기와 정당을 달리하는 사람이어야 한다. 배심원으로 소환되면 문맹 등 결격 사유나 특별한 이유가 없는 한 의무적으로 응해야 한다. 응하지 않으면 벌금형이나 구류에 처하게 된다.

연방법원의 배심원 수는 최소 6명(대개 12명에서 23명이나 최소 6명 이상)이고, 소배심원의 수는 전래적으로 12명이나 그 수가 고정되어 있지는 않다. 더욱이 형사 사건은 배심원 수가 최소한 6명 이상이 되어야 하고, 연방 민사 소송도 배심원 수가 대개 6명으로 이루어진다. 각 주 정부 지방법원의 배심원 수도 보통 최소 6명에서 12명으로 구성된다. 미주리 주 법원의 한 배심원단 수는 보통 12명이다. 이들은 대개 3개월에서 6개월 동안 종사한다. 대배심원단의 주 임무가 증거를 찾아내는 데 있으므로 그만한 기간이 걸린다. 형사 사건에서는 배심원의 평결verdict이 만장일치가 되어야 하며, 민사 사건에서는 최소한 9명(3분의 2)의 의견이 일치해야 평결評決이 성립된다.

평결이라 함은 배심원들이 내린 결론을 말한다.

배심원들은 일반인이 아무도 접근하지 못하게 일반 방청객들로부터 철저히 격리된다. 그래서 배심원이 법정에 들어갈 때 엘리베이터가 있는 건물일 경우 배심원 전용 엘리베이터가 따로 있고, 전용 대기실과 화장실도 따로 마련되어 있다. 또한, 배심원이 법정에 들어서면 모두 기립해야 한다.

6. 사법제도가 시사示唆하는 것들

　지금까지 보아 온 바와 같이, 대법원의 판사를 주지사가 임명은 하되 실제로 이들이 주지사에게까지 추천되어 오는 동안 여러 단계와 제약 장치로 여과濾過되게 되어 있다. 그러니 주지사가 대법관을 임명했다손 치더라도, 주지사의 임명은 결국 선거를 통해 주민의 추인을 받는 셈이다.

　법관 양성에서도, 다양한 분야의 학부 과정을 마친 사람들이, 즉 기초 교육이 여러 방면에 걸쳐 튼튼히 다져진 뒤에 3년제 법학전문대학원Law School에서 법학을 전공하고 잘 구성된 시험 위원들의 시험을 거쳐 변호사나 법관이 되는 제도, 그리고 법률 전문가를 특수 엘리트 계층화하지 않고 실수요에 맞게 배출하는 비폐쇄적인 법관 양성 제도가 인상적이다.

　또 하나, 각 변호사의 담당 분야가 법률 계통별로 전문화되어 있는 것도 미더운 점이다. 미주리 주의 경우, 당시 인구가

530만 명(2008년 현재 인구는 591만 1605명)이었는데, 변호사(법관) 자격을 가진 자들이 자그마치 2만 4천 명이나 있었다. 그럼에도 미주리 주의 시의 판사municipal judges 정원(336명)의 50퍼센트 이상은 비 법관 판사non-lawyer judges라는 점(제퍼슨 시 참조)을 보면, 이처럼 법률 전문가를 양산하는 체제에도 불구하고 수적으로는 여전히 법률 전문가가 충분하지 않다는 얘기가 된다. 그도 그럴 것이 관공서나 개인 기업에도 일단 법규를 다루는 곳에는 법무관attorney(lawyer)이 꼭 배치되어 있으니 말이다. 이런 경우 우리의 상황과 견주어 볼 때 어떻게 해석해야 할까? 우리의 법관 양성 제도에 개선의 여지는 없을런지?

무엇보다 배심재판 제도에 의해, 주민의 건전하고 상식적 판단이 재판의 기초가 되게 하는 것도 철저한 풀뿌리 민주주의의 한 투영投影이라 하겠다. 그리고 이 배심재판 제도는 재판이라는 사법상의 행위 과정을 정치적 압력이나 금력의 유혹으로부터 보호하여, 재판의 공정을 기할 수 있도록 고안된 제도이다. 이 배심재판 제도는 미국에만 있는 제도는 아니다. 영 연방국가에도 있는 제도이다. 그만큼 여러 선진국에서는 공정한 재판을 위해 우리가 아는 재판의 단순 도식을 떠나 기발한 방안으로 공정을 기할 수 있는 여러 가지 장치를 해 놓고 있다는 것이다. 그것은 달리 해석하면, 영미 국가에서는 배심재판 제도가 아닌 법관만의 재판으로는 공정을 기하기 어렵다는 판단에 기초해 배심재판 제도를 채택하고 있는 것이라는 얘기가 된다. 법관이 양심에 따라 판결을 내리지 못하

는 시대적 상황이나 그러할 때의 그 고뇌와 아픔을 아예 제거
해 주고자 고안된 배심재판 제도나 미국의 로스쿨 제도는 우
리에게 시사하는 바가 크다.*

---

* 1998년 위 내용이 연재물로 발표된 이후 2000년대 후반에 들어 우리나
  라도 로스쿨 제도가 채택되기 시작했고, 2011년 현재 국민 참여 재판제
  도가 시험 운영되고 있는 중이다.

제5부

연방-주-시·군 관계 및 지방자치 성공 요인들

1. 연방 정부와 주 정부의 관계

미국의 주 정부와 시·군 관계를 알기 위해서는 연방 정부와 주 정부의 관계를 먼저 간략히 알아보는 것이 바람직하다.

미국 헌법상 연방 정부는 일차적으로 연방을 구성하고 있는 여러 주를 보호할 책임이 있다. 즉 외침이나 내부 반란으로부터 각 주를 보호하고, 공화제 주 정부 형태a Republican Form of Government를 보장한다고 헌법에 규정하고 있다. 미국 대통령은 미국군은 물론 전시에는 전체 주 방위군all National Guards의 총사령관the Commander in Chief이 된다. 평시에는 주지사가 주의 군대인 주 방위군의 총사령관이다. 그래서 주지사가 주 방위군의 장성을 포함한 장교 임명권도 행사한다. 이 경우, 주지사는 연방 정부의 승인을 받도록 되어 있다.

여기서 잠깐 부연 설명을 하지 않으면 혼동을 일으킬 부분이 있다. 그것은 다름 아니라 미국 헌법에 주는 '미 의회의 동의 없이 평시에 군대를 가질 수 없다'고 규정하고 있는데, 주 방위군(National Guard 또는 Militia라고도 함)은 어떻게 존재할 수 있는가의 의문이 생길 수가 있다. 이 점에 대해 학자에 따라서는 이렇게 해석한다: 주 방위군은 일반 군대와는 좀 다르다. 군대보다는 조금 낮고 경찰보다는 조금 위인 그 중간 조직으로 보아야 하거나, 아니면 이 방위군 조직은 미국 헌법이 생기기 전에 주마다 이미 가졌던 군대 조직을 계속해서 그냥 가질 수 있도록 연방 헌법이 그대로 용인(assume)해 주고 있는 경우라고 해석한다.

어쨌든 필자가 보기에는 다음과 같은 면에서는 주 방위군은 미국군과 다름없는 조직이다. 이들이 쓰는 무기, 각종 장비, 제복이 모두 연방 정부가 지급하는 물자이고, 이들 예산의 96퍼센트 이상이 연방 정부에서 나온다. 미군이 한국으로 훈련 나올 때 이들도 참가한다. 이들의 계급 체계도 일반 연방 소속 군대와 똑같고 같은 원칙에 따라 승진 인사가 이루어진다. 다만 주 방위군은 발령권자가 주지사일 뿐이다. 그 대신 승진을 할 때는 연방 정부의 승인을 받는다. 그리고 이들은 각종 재해가 발생하면 복구 작업에 지원하는 것이 아니라 의당 투입된다. 미주리 주의 경우, 우리 민방위 방재본부에 해당하는 비상대책관리청State (Missouri) Emergency Management Agency(SEMA)이 주 방위군 예하隸下에 설치되어 있다. 주 방위군 사령관Adjutant General은 주지사가 상원의 동의를 받아 임명하고 비상대책관리청장은 주 방위군 사령관이 임명한다. 건물도 같은 건물을 쓰고 있다. 주 방위군 사령관은 공공안전성Department of Public Safety 산하 조직이다.

필자가 1997년 미주리 주 방위군 사령부를 방문했을 때는 공교롭게도 사령관이 교체된 다음 날이었다. 신임 사령관은 주지사의 불시 호출로 본 청사에 들어가고 없었다. 그런데 필자의 방문은 약 3~4주 전에 이미 약속되었던 것이어서 그날 부사령관의 영접을 받았다. 주 방위군 사령관은 3성 장군에 해당하나 직업군인은 아니며 주지사가 경력 등을 고려하여 정치적으로 임용하는 자리다. 당시 부사령관은 직업군인인데 준장으로 기억된다. 이 장군은 한국에서 공수 훈련을 할 때 두어 번 직접 참여했었다고 했고, 이들도 필자의 방문에 깍듯한 예를 갖추어 주었다. 먼저 브리핑 룸에서 방문을 환영한다는 자막을 화면에 내보낸 다음, 대위 한 명과 중령 한 명이 차례로 사령부의 현황을 정식으로 브리핑해 주었다. 이들의 호의에 대해, 이 기회를 통해 다시 한 번 감사의 뜻을 표하고 싶다.

당시 미주리 주 방위군의 규모는 병력 약 1만 명인데 그 가운데 육군이 63개 소에 약 7천 3백 명, 공군이 4개 소에 약 2천 7백 명으로 편성되어 있고, 연간 소요 예산 1억 8천 7백만 달러(1997년 기준) 가운데 1억 8천만 달러가 연방 예산에서 지원된다. 그리고 각 주별 방위군 사령부가 기능별로 특화되어 있는 것으로 보였다. 가령 미주리 주는 기갑 분야가 특화되어, 전국의 방위군 기갑부대 요원이 미주리 주로 훈련받으러 온다고 했다. 참고로, 미국은 병역이 의무제가 아니고 지원제이다. 그러니 군대는 가고 싶은 사람만 간다.

미국은 연방제 국가이다. 세계에서 연방제를 채택하고 있는 나라는 약 20개국이다. 연방제Federalism 아래서는 각 주 정부가 비록 연방이라는 우산 아래 있지만, 연방 정부와 주 정부가 법적으로는 대등한 바탕an equal basis 위에 서 있다. 그래서 주 정부는 독자적으로 헌법을 갖고 있기도 하다. 다만 주 정부에 허용되지 않는 것은, 대외적으로 국가와 같은 행위, 즉 조약을 체결하거나 외국과 동맹을 맺는다든지 화폐를 주조하거나 관세를 부과하는 따위의 행동을 하지 못하게 되어 있는 점이다. 그러므로 이와 같은 외국과의 외교·군사적인 관계를 제외하면, 연방제하의 각 주 정부는 행정 주권에 관해서 완전히 독자적이다. 이들이 얼마나 독자적인가 하는 점은 다음 예시에서 잘 나타나고 있다.

- 연방 정부와 주 정부 사이의 회계연도가 다르다. 연방 정부의 회계연도는 10월 1일부터인데, 미주리 주나 캔자스 주는 7월 1일부터이다.
- 대통령 선거인단 선출 방법도 주마다 다르다. 대개의 주에서는 연방 상·하 의원 선거구 단위로 선거인을 선출하지만, 메인Maine 주나 네브래스카Nebraska 주에서는 일부는 의원 선거구 단위로, 일부는 주 전체에서 뽑는다.
- 주 대법원에서 연방 정부의 대외 조약의 유효성이나 연방 법의 유효성까지 심사한다(미주리).
- 연방고속도로Interstate의 속도 제한도 주마다 따로 정한다. 미 대륙 중부를 동서로 관통하는 70번 고속도로

(I-70)의 경우, 어떤 주는 시속 75마일, 어떤 주는 70마일로 제한하는가 하면 아예 무제한인 주(몬태나)도 있다.

- 행정조직도 다르게 일컫는다. 알래스카Alaska 주와 루이지애나Louisiana 주에서는 County가 없고 대신 Bourgh와 Parish가 있다.

- 주마다 독자적으로 휴일도 갖는다. 그 예로, 한국전쟁 당시 미국 대통령(제33대)이었던 해리 트루먼Harry S. Truman 대통령이 미주리 주 출신이다. 그래서 그의 생일인 5월 8일은 미주리 주의 공휴일이다. 그러나 이날 미주리 주 안에 있는 연방 정부 공무원은 평상시처럼 근무한다.

- 주마다 각급 법원의 명칭도 제각각이다. 연방 정부의 대법원을 'Supreme Court', 고등법원을 'Court of Appeals'라고 하는데, 거의 모든 주의 대법원이나 고등법원도 이와 같은 명칭으로 불린다. 그러나 유독 뉴욕 주와 다른 어느 주에서는 다르게 부른다. 뉴욕 주에서는 완전히 반대로 주 고등법원을 'Supreme Court', 대법원을 'Court of Appeals'라고 한다.

이처럼 주 정부는 연방 정부로부터 아주 독자적인 위상을 누린다.

연방 정부와 주 정부는 기본적으로 상호 협력 관계이자 서비스 제공 관계이고, 수혜 대상에 대해서는 감독 관계이다. 특히 서비스 제공 관계는 주 정부의 요청에 따라 또는 연방 정부가 자발적으로 각종 정보의 데이터베이스 구실을 하는 것이다. 예를 들어 연방 정부는 정기적으로 세계무역정보를 주 정부 무역담당 부서에 제공해 준다.(당시에 이들은 그런 정보를 주로 시디롬에 담아 보내 주고 있었다.) 연방 정부는 주 정부에 재정적인 지원뿐만 아니라 각종 기술 지원도 해준다.

연방 정부는 특히 보건 복지 분야와 자연 및 환경 보전 분야에 상당히 많은 예산을 직접 쓰거나 주에 예산 지원을 한다. 연방 정부가 주 정부를 지원하는 규모를 보면 당시 미주리 주의 경우, 양로원 수용 경비의 60퍼센트, 사회사업성 총예산의 60퍼센트, 노동산업성 예산의 85퍼센트, 보건성 예산의 75퍼센트, 자연보전성 예산의 20퍼센트가 연방 정부에서 지원된다. 그 밖에도 인구 5천 명 이하의 소도읍 개발사업 Block Project을 위해 연방 정부가 3천만 달러를 지원해 주고 있다. 연방 정부는 주립공원state park 관리에도 지원을 한다. 캔자스 주의 경우, 야생생물 및 공원성Department of Wildlife & Parks 총예산(3천만 달러)의 29퍼센트를 연방 정부에서 지원하며, 미주리 주는 1998년만 해도 전체 예산의 4분의 1을 연방 정부에서 지원하고 있었다.

연방 정부의 예산이 주 단위에 지원되는 만큼 연방 정부의 감독과 감사는 피할 수 없다. 주 정부에 대한 연방 정부의 감사는 기관마다 다르겠으나, 대부분의 경우 주 정부 자체 감사에 의존하고 있다. 즉, 주 정부에서 자체 감사한 결과를 연방 정부(관계 기관)에 보고하는 형식을 취하고 있다. 연방 정부로서는 50개 주를 상대로 직접 감사를 한다는 것이 현실적으로 어렵기 때문에 이러한 방법을 피할 수 없을 것으로 보인다. 그러나 어떤 연방 정부 부처에서는 1년에 한 번씩 감사를 하러 오거나 주가 시행한 감사 결과를 1년에 한 번씩 보고하도록 요구하기도 하고, 어떤 부처는 2~3년에 한 번씩 감사 결과 보고를 요구하는 곳도 있다고 했다. 연방 정부는 주민의 보건 복지 문제와 같은 사안에 대해서는 매우 엄격한 것 같았다.

정부 권력의 속성상 연방 정부는 각종 사업을 수행하는 과정에서 연방 정부의 권한을 넓혀 나가려고 하고, 주 정부나 시·군 그리고 각 이해 단체에서는 어떤 방법으로든 연방 정부의 권한이 커지는 것을 억제하고 견제하려고 한다. 바로 이런 단체가 주지사 연합체, 시장 연합체, 시 연합, 군 연합과 같은 기구들로, 이들은 자기 집단의 목소리를 대변하며 자기 집단의 이익을 위해 로비를 한다. 그러면서 연방 정부의 권한을 견제해 나아간다.

결론적으로 연방 정부와 주 정부의 관계는 행정 주권 면에서는 완전히 독자적 관계이고, 일반적으로는 상호 협력적 관계이자 전문기술 분야에서는 지원 관계이며, 연방 자금이 지원된 만큼은 이미 설명한 대로 감독과 피감독 관계이다.

미국 50개 주를 연방제 아래 결속시키고 있는 것은 미국(연방) 헌법이다. 이 헌법은 의외로 아주 간결하다. 각 주의 헌법은 연방 헌법보다 훨씬 길고 상세하다. 그리고 주 정부의 구성과 권한 등에 대해 저마다 특색 있게 규정하고 있다. 그래서 연방 헌법이라는 울타리 안에 50개 주가 각기 특색을 유지하며 잘 결집하고 있는 것은, 마치 형형색색의 꽃들이 제 나름대로의 아름다움을 유지하고 있는 큰 꽃밭을 보는 것 같은 느낌을 갖게 한다.

2. 주 정부와 시·군의 관계

미국의 주 정부와 시·군의 관계는 연방 정부와 주의 관계와는 아주 다르다. 시·군의 구성과 권한의 근거는 주 헌법에서 나오는 것이며 시·군은 주 정부의 분신이라 할 수 있다. 그래서 주 정부는 시·군의 창조체creature이고, 시·군은 주 정부의 피조체the created라고 할 수 있다. 때문에 시·군은 주 정부가 쳐 놓은 울타리 범위 안에서만 독자 영역을 만들어 갈 수 있게 되어 있다.

이미 앞에서 언급했듯이, 매우 소수이긴 하지만 캔자스 주처럼 시·군에 대해 영향력 행사가 비교적 강성인 주a strong resources institutional state는 주로 인사관리를 통해 시·군을 통제한다. 그러나 이들이 체감적으로는 그런 통제를 받고 있다는 사실을 느끼지 못하는 것 같았다. 아무튼 대다수의 주에서는 시·군에 대해 그런 인사 간여를 하지 않는다. 대개 뉴잉글랜드New England 지역(매사추세츠Massachusetts 주, 코네티컷

Connecticut 주 등 건국 초기에 미국 문화의 중심을 이루었던 동부 지역)은 지방자치를 더 강력히 선호하는 경향이 있었는가 하면, 남부의 주는 주 정부에 권력 집중을 선호하는 경향이 있었다고 한다. 대부분의 주는 그들의 영향력을 지속적으로 시·군에 침투시키려 해왔고, 또 적지 않은 특히 동부의 주에서는 시·군이 실질적인 자치를 누릴 수 있도록 했다고 한다.

그런 역사적 배경에도 주와 시·군은 늘 협력적·지원적 관계이고, 더욱이 지역 주민의 이해와 깊이 연루된 지극히 지역적인 사안에 대해서는 독자적인 관계이다. 즉, 주 정부가 시·군 자신들만의 문제를 다루는 데는 상당한 재량권을 행사할 수 있게 해주고 있다. 이런 점은 언뜻 듣기에는 당연하게 들릴지 모르지만 사실은 엄청난 조치이다. 이를테면 시의 판사 municipal judges는 사실 주 정부(법원) 소속이지만, 시민 스스로 선출할 수 있게 해 준 경우가 그 실례가 된다. 그것도 시민들이 투표로 판사를 선출할지, 아니면 자신들이 투표로 뽑은 시장이 판사를 임명할지를 스스로 결정하게 한 경우 말이다. 그리고 시의 판사에 대해서는 보수도 시에서 부담하도록 해 선택과 책임을 함께 부여하고 있다.

또 하나의 예로 미주리 주의 경우, 주 정부 기구인 연금관리청Missouri State Employees' Retirement System이 있다. 그리고 시·군 단위에도 112개의 독자적인 연금관리청이 있다. 각 시·군은 주 연금관리청에 가입할 수도 있고 독립할 수도 있다. 캔자스 주의 경우, 1개 시를 빼고는 모두 주 연금관리청에 통합되어 있다. 이와 같이 자신들의 이해와 직결된 문제는 시·

군이 독자적으로 결정할 수 있는 관계이다. 물론 지극히 상식적인 얘기이지만.

또 다른 측면에서 주와 시·군의 관계를 보면, 어떤 세목은 주(정부)세와 시·군세가 섞여서 부과된다. 어느 시가 새로운 사업을 위해 재원이 필요한 경우, 기존 주세州稅의 세목에 법정 절차에 따라 시세市稅를 신설(병설)하고 징수할 수 있다. 미국에는 판매세sales tax가 있는데 판매세를 예로 들면, 주세인 판매세의 세목에다 법정 한도 안에서 일정 비율을 시세의 몫으로 할 수 있다. 이 경우, 시세 신설 여부는 시장이나 의회가 임의로 결정하지 못한다. 이렇듯 중요한 사안은 주민의 투표로 결정한다. 그리고 총 징수액의 1퍼센트는 주의 징수 수수료 명목으로 주 세입으로 잡는다. 지금까지 주와 시·군과의 협력 관계의 예를 설명하였으나, 자치단체가 어떻게 재정적 역량 확보를 할 수 있는지도 함께 설명한 대목이다.

주와 시·군 관계의 또 다른 일면은 상호 지원적 관계를 들 수 있다. 우리가 쉽게 생각할 수 있는 재정적·기술적 지원은 말할 것도 없이 주 정부가 시·군을 실질적으로 돕고 있는 사례이다. 특히 우리나라와 같이 지방자치의 걸음마를 뗀 나라에서 중앙 정부나 시·도가 시·군에 대해 앞으로 해주어야 할 영역이 어떤 것인지를 잘 설명해 주는 사례라고 생각된다. 아래 인용한 사례는 어느 군의 자산평가관Assessor으로 선출된 초임 선출직의 심각한 고민과 이에 대한 해결의 실마리를 찾

게 되는 과정을 통해 설명된다:

> 나는 자산평가관으로 당선되고 나서 처음 6주 동안은 아무 일도 할 수 없었다. 늘 자산평가관 노릇을 어떻게 해야 할지 걱정하는 일로 시간만 보내고 있었다.…… 도서관에 가서 책도 찾아보고 사무실에서 직원들과 얘기도 해 봤지만 고민이 풀리지 않았다. 그런 절망적인 시간을 보내고 있던 어느 날 주 정부에서 보낸 공문 한 통을 받았다. 주 안의 모든 부동산 평가관에게 발송된 것으로, 새로 선출된 부동산 평가관을 위해 주 정부에서 교육을 개최한다는 것이었다. 그런데 이 교육에는 현직 평가관이나 직원도 참여할 수 있다고 돼 있었다. 교육비는 무료이고 주 청사에서 개최되며 기간은 일주일이라 했다. 이 내용을 본 순간 큰 기쁨으로 가슴이 뛰었다. 그래서 전화로 그 공문을 보낸 담당자를 찾아 교육 참가 신청을 했다.…… 그는 이렇게 설명해 줬다. 우리 성Department에서는 이런 경우에 교육도 시키고 시·군에 어떤 문제가 있을 경우 전문가를 보내 돕는 일도 하며, 그 밖에도 시·군의 요청이 있으면 여러 방면으로 돕는 일을 한다고 했다.(《State & Local Politics》)

주 정부에서 시·군의 선출직을 위해 개최하는 이 같은 교육은 우리에게도 매우 중요한 점을 시사하고 있다. 우리도 선출직에 대해 사전에 교육 희망 수요 조사를 하여 당선자 기간 동안에 상응한 교육과정을 운영할 필요가 있다고 본다. 행정

경험이 없는 초선 시장이나 군수에게 기초 행정 소양이나 최소한의 행정 상식을 알려주고, 초선 의원들에게는 의원의 본분과 의정활동 요령에 대해 함께 생각해 볼 기회를 갖게 해 준다는 뜻에서 4박 5일 정도의 교육이 필요하다고 본다. 더욱이 민주적 행정 문화의 역사가 짧은 나라에서는 더더욱 그러하다. 희망자에 한해서만 교육하고, 교육비는 참가자가 부담하는 유료 교육으로 해도 좋을 것이다.

주 정부는 시·군을 도와주고 또 요청이 있을 때 지원하기 때문에, 주 정부와 시·군의 관계는 협력적 관계이자 필요에 따라 대등하게 상호 계약을 체결하는 계약적 관계이다. 뿐만 아니라 감사도 자체 감사 부서가 없는 군에 한해, 군이 요청을 하면 군에서 소요 경비를 부담하는 조건으로 주 정부가 감사를 해 주는 그런 관계이다(MO).

이렇듯 주와 시·군이 협력적이고 지원적인 관계인데도 그 관계가 늘 평화로운 것만은 아니다. 미국에서도 재정적으로 여유가 있는 시·군일수록 주 정부에 더 많은 재량을 요구하고 통제는 더욱 줄여줄 것을 요구한다. 이 점은 행정기관의 하나의 속성이기도 하다. 그래서 주 정부가 작은 시나 농촌 지역과는 관계가 좋은 반면, 재정 형편이 더 나은 대도시와는 상대적으로 더 자주 갈등을 겪는 편이다. 따라서 주와 시·군 사이의 갈등은 역사적으로 주와 대도시 사이에 더 자주 일어났다고 한다. 이 점은 세계 어느 나라나 마찬가지인 것 같다.

저들은 현명하게도, 주와 시·군 사이의 불편한 관계를 해결하거나 미연에 방지하고자, 그리고 주 정부 각 기관 사이의 이견 조정이나 긴밀한 협력을 위해, 주 정부와 시·군 사이의 입장을 조율하는 정부 간 협력위원회를 구성해 운영하고 있다.

'미주리 주 정부 간 협력위원회Missouri Commission on Intergovernmental Cooperation'를 예로 들면, 이 기구는 주 정부 안 각 부서Departments 사이의 의견 조율을 요하는 사안, 주와 시·군 사이의 조율을 요하는 사안에 대해 협의하고 조정하는 기능을 수행한다. 가령 주 정부가 새로운 법령을 입안할 경우 이 법령이 시·군에 미치게 될 영향을 미리 검토해 필요한 조치를 취하는 일, 주와 시·군 사이에 얽힌 현안이나 문제점을 조사해서 해결해 나아가는 일, 눈앞에 있는 문제점뿐만 아니라 앞으로 문제가 될 수 있는 개연적인 사안에 대해 대책을 강구하는 일, 주와 시·군이 광범위한 사업이나 시책 분야에서 서로 기술적인 지원을 할 경우 그 범위를 조정하는 일 등 주와 시·군 사이에 의사 전달과 교환의 교량 구실과 함께 정부 간 문제의 여러 자료를 보관·관리하는 자료관리소의 기능도 수행한다.

정부 간 위원회의 위원은 28명으로 다음과 같이 시·군 대표, 주 정부 각 성 대표와 의회의 대표들로 이루어져 있다.

 - 주지사가 위촉한(appointed) 5개 시의 민간 시민 대표 5명
 - 주지사가 임명한 주 정부 대표 6명

- 상원 부의장이 임명한 상원 의원 각 당에서 1명씩 2명
- 하원 의장이 임명한 하원 의원 각 당에서 1명씩 2명
- 미주리 주 도시 연합the Missouri Municipal League(MML)
  에서 임명한 시의 선출직 관료 4명
- 미주리 군 연합the Missouri Association of Counties(MAC)에
  서 임명한 군의 선출직 2명
- 미주리 도시 경영협회the Missouri City Management Assoc-
  iation에서 임명한 2명의 시 공무원
- 미주리 주 소방 연합Missouri Fire Service Alliance 대표 1명
- 미주리 도시 연합 사무국장Director과 군 연합 사무국장
  2명
- 교육위원회 연합School Board Association에서 임명한 교육
  위원 1명
- 지역계획위원회 대표 1명

으로 구성되어 있다.

필자가 있을 당시의 정부 측 구성원을 보면 시장이 4명, 시
지배인 2명, 주 정부 집행부를 대표해서 행정처 장관, 경제개
발성, 세무성, 교통성, 자연자원성 장관과 지사 비서실 대표 1
명으로 이루어져 있었다. 그리고 위원회의 위원장은 민간인이
맡게 되어 있다. 이 위원회의 실질적인 업무는 실무위원회를
구성하여 처리해 나가며, 주지사에게는 연간 활동 상황과 주
요 사안에 대한 처리 결과를 연 1회 보고하고 필요한 조치를
취하도록 건의한다.

필자는 미주리 주 정부간 조정 회의에도 참석해 본 적이 있었는데, 여기서도 많은 것을 느끼고 배웠다. 회의 주제는 형무소 증설과 죄수 수용의 권역화 문제였던 것으로 기억된다. 민간인 위원이 의장을 맡아 회의를 주재하는데, 아무 격식 없이 편하고 자유스럽게 진행되었다. 회의장 한쪽에 음료를 차려 놓았고 그 옆에 참가자 명패들이 놓여 있었다. 필자의 명패도 함께. 명패라야 켄트지에 직함과 이름을 적어 임시로 만든 것이었다. 그런데 놀라운 것은, 각 성 장관들과 그 밖의 참가자들이 회의장에 들어오자 각자 자기 명패를 스스로 찾아 가지고 오는 순서대로 적당히 회의 탁자에 앉는 것이었다. 장관들도 자기 명패와 자기가 마실 차를 직접 따라 들고 알아서 적당한 자리에 앉는다. 여러 장관이 참석하고 민간인도 참석하는 회의 같으면, 우리의 경우에는 준비를 위해 직원 여러 명이 웅성거릴 터인데, 여직원 한 명이 나와서 서무 일을 챙기는 것이 고작이었다.

이들의 이런 회의 운영 모습을 보고 '아, 바로 이거로구나, 선진국과 후진국의 차이가!' 하는 생각에 순간 휩싸였다. 우리는 각종 행사나 회의 때마다 좌석 배치를 놓고 얼마나 애를 먹는가! 언젠가 서울에서 회의장 좌석 배열을 놓고 부서끼리 시비가 있었던 사실이 신문에 보도까지 되었던 일이 기억나 '우리는 왜 아직도 이런 문제에 그토록 진지하게 매달려야 하는 것인가!'하는 생각이 들었다. 국가 의전을 따져야 할 경우가 아닌, 정부 안의 회의에서는 이런 문제만이라도 자유로워질 수 있었으면 하는 생각이 들었다. 그들의 자연스러운 회의 운영 방식을 보고 부러운 마음에서 한순간 이런저런 생각에 사로잡혔던 것이다. 불필요한 격식이 많은 우리로서는 미국의 스스럼없는 회의 운영 방식을 본보기로 삼을 만하다.

회의를 마치자 식권을 나누어 주었다. 식당에 가서 자기가 원하는 대로 선택해 식사(카페테리아 식)를 하는데, 장관도 식판을 들고 먹을 것을 고른다. 그런데 이 식권은 값이 정해진 게 아니라 개인이 가져간 음식만큼 값을 적고 식당에서는 그 값의 총액을 청구하는 식이었다. 어느 구석을 보아도 기본적으로 획일성이라는 것이 없는 사회임을 다시 한 번 느끼게 했다.

다시 본론으로 돌아와 미국의 주 정부와 시·군 사이의 관계를 요약하면, 비록 양쪽의 관계가 창조체와 피조체의 관계일지라도 종속적 관계는 아니다. 이를 뒷받침해 줄 설명으로, 연방 정부와 주 정부가 회계연도를 각기 다르게 정하고 있듯이, 시·군의 회계연도도 주 정부와 달리 임의로 정하고 있다는 것을 들 수 있다. 미주리 주와 캔자스 주의 회계연도가 7월 1일인가 하면 토피카 시(KS)는 1월 1일, 제퍼슨 시(MO)는 11월 1일이다. 이처럼 시·군마다 회계연도도 다르게 정할 수 있다(연방 정부는 10월 1일).

주와 시·군이 종속적 관계가 아니라는 것을 입증할 또 다른 근거를 들어보자. 미주리 주 정부는 주의 본 청사와 제퍼슨 시내의 각 정부 청사의 소방대책을 위해 수도인 제퍼슨 시와 소방 계약을 맺고 그 비용을 지불한다. 마치 캔자스 주의 오버랜드 파크 시가 사설 소방국과 계약을 맺고 시의 소방 업무를 비영리 사설 업체에 일임하듯이. 미주리 주 정부에서는 제퍼슨 시(소방과)와 소방 계약을 맺고 연간 3만 달러씩 시에 지불한다. 이 돈은 교부되는 것이 아니라 순수 계약에 따라 지불되는 이를테면 용역비이다.

미국의 시·군은 주 정부로부터 비록 완전히 독립적일 수는 없지만, 자신들의 독자적인 영역이 매우 여유롭게 보장된 셈이다. 그래서 미국의 주와 시·군의 관계는, 비유컨대 미국에서 흔히 볼 수 있는 그들의 넓은 목장이 그러하듯, 마치 널리 여유 있게 울타리 쳐진 그들의 넓은 목장과 같아 보인다.

3. 주와 시·군 사이 주요 교량 조직들

미국의 주 정부와 시·군을 논할 때 놓쳐서는 안 될 주요 교량 조직들이 있다. 이 조직들은 주 정부와 시·군 사이에 연계적 구실을 한다. 이 교량 조직들의 역할이 매우 중요해서 미국 지방자치제도의 성공을 뒷받침해 주는 버팀목과 같은 구실을 한다. 그래서 이들 조직의 존재와 역할이 바로 미국의 지방자치의 여러 성공 요인들 가운데 하나라 할 수 있다. 이런 교량 조직들은 바로 도시 연합체Municipal Leagues나 군 연합체Associations of Counties와 같은 기구들이다.

1) 도시 연합

미주리 주 도시 연합을 예로 들면, 회원기관 공무원들을 지속적으로 교육하고 회원 단체들의 이익을 옹호·대변하는 기능을 수행한다. 회원 단체를 위해 '세미나'라는 이름으로 항상 유료 교육 프로그램을 운영하고, 행정 실무 참고자료도 발간하여 유료로 제공한다. 교육 프로그램은 연간 15회에서 20회 운영한다. 이들이 말하는 교육 프로그램은 우리의 공무원 교육원 교육 형식과는 다르다. 소수의 회의식 교육이다. 그들은 이 프로그램을 'Training Seminar'라고 부른다. 여기서는 교육원에 과정을 개설할 정도까지는 아니나 실무 수행에 꼭 필요한 실질적인 내용들을 가르친다. 공리공론이 아닌 실무를 위한 직무 훈련이다. 이를테면 현금관리 요령, 조례 작성 요령, 물품 구입 절차와 방법, 의회 회의 운영, 하수요율 결정, 재무관리, 세금의 부과 징수 요령 등등이다. 그리고 이런 프로그램은 모두 유료로 운영한다. 기관이든 공무원 개인이든 필요한 이만 참가하는 것이고, 강요되지 않는다. 이들의 출판물도 그런 실무적인 내용들을 하나하나 묶어 출간해 유료로 제공한다. 선출직을 위한 매뉴얼도 출간하지만, 순수 희망 구입을 원칙으로 한다. 이 도시연합에서는 회원 단체에 효과적인 로비요령도 가르친다. 그리고 회원 단체를 위해 주 정부에 로비스트의 역할도 한다. 그래서 늘 회원 단체의 이익을 위해 할 수 있는 모든 수단을 동원해 회원 단체를 대변한다. 또한 회원 단체를 위한 정보 자료의 보존관리소 역할도 하며, 회원 단체의 각종 질의에 응답해 주는 마치 도서관의 참고실Reference Division과 같은 구실도 한다. 군 연합의 기능도 대략 그와 궤를 같이한다. 군 연합은 우리의 공제회와 같은 공제 활동도 한다.

그들은 또 정기적으로 시장 및 시 행정관 회의를 주관하거나, 그 밖의 직위에 대해서도 직위별 회의 개최를 주관하기도 한다. 그래서 이런 교량 조직들은 실질적으로 주 정부나 시·군 업무에 이바지하고 있다. 그렇게 함으로써 그들은 회원 집단의 이익을 위해 한 몫을 하는 한편, 주와 시·군 사이에서 다리 구실을 하는 것이다.

미주리 주 도시 연합Missouri Municipal League(MML)의 회원 가입은 희망자에 한하며 강요되지 않는다. MML은 1934년에 설립되었는데, 회원 수가 590개 기관이었다. MML의 집행부는 연례 회원 총회에서 선출된 18명의 임원회Board of Directors로, 18명 가운데 7명은 각 도시의 임명직 대표, 11명은 연방 의원 선거구 단위의 선출직 대표로 구성되어 있다. 1997년 당시 임명직 7명은 시의 검사 1명, 시 지배인 2명, 시 의회서기 3명, 시 재무관 1명으로 되어 있었다. 도시 연합의 사무국은 10명의 직원으로 이루어져 있고, 사무국장Executive Director은 임원회에서 임용한다. 도시 연합은 회비로 운영되는데, 회비 산출 방법은 '인구 × 9센트 = 당해 시의 회비'로 산출한다. 이 도시 연합은 또 다른 2개 기구의 기능도 겸한다. 하나는 시-지배인과 시-행정관을 회원으로 하는 도시 경영협회the City Management Association이고, 나머지는 도시 검사협회the City Attorney Association이다. 도시 연합은 전국 연합the National Municipal League에 회원으로 가입되어 있는데, 연간 회비는 1만 7천 달러라 했다. 전국 연합은 회원 단체에 연방 차원의 정보를 제공하며 회원 단체를 위해 연방 차원의 로비활동을 한다.

2) 군 연합

미주리 주 군 연합the Missouri Association of Counties의 경우,
1972년에 창설되었으며 회비는 군의 자산 평가액을 기준으로
책정된다. 당시 총 114개 군 가운데 113개 군이 회원으로 가
입하고 있었다. 협회 운영 재원은 회비뿐만 아니라 협회의 뉴
스레터 보급 등 기타 수입으로 충당한다. 이 협회의 지휘부는
64명으로 이루어진 임원진the Board of Directors으로 이들은 회
원 총회에서 선출된다. 이들 가운데 4명(1년 임기)은 주 전체
에서, 60명(2년 임기)은 주를 여러 개의 구역으로 나누어 각
구역 단위로 선출한다. 사무국은 위의 임원진에서 임용한 사
무국장과 6명의 직원으로 이루어져 있다. 군 연합도 전국 단
위 기구가 있는데, 군 단위 연합뿐만 아니라 개별 군도 자유
롭게 전국 기구에 가입할 수 있다. 미주리 주에서만도 약 40
개 군이 전국 기구에 직접 회원으로 가입되어 있다. 이 전국
연합도 정기적인 회합을 가지며 역할과 기능은 도시 연합과
비슷하다.

이상에서 예시한 교량 조직들은, 주 정부 입장에서도 편하
고 유용한 존재일 뿐만 아니라 시·군을 위해서도 없어서는 안
될 존재로 그 위상을 다져 왔다. 그리고 영향력도 막강하다.
그 예로서 미주리 도시 연합과 군 연합에는 미주리 정부간 협
력위원회Missouri Commission on Intergovernmental Cooperation의
대표를 임명할 권한도 있다. 이 두 연합은 그 자체로 이 협력

위원회에 대표로 참가할 뿐만 아니라 도시 연합은 각 도시를 대표하는 4명의 선출직을, 군 연합은 2명의 군 대표를 위촉할 수 있는 권한도 있다.

이와 같은 조직들은 주 정부와 시·군 사이에서 의사 전달을 하는 다리 기능을 수행하기 때문에, 시·군을 위해서만이 아니라 주 정부를 위해서도 대단히 중요한 조직들이다. 그러므로 미국의 주나 시·군은 이런 교량 조직들과 함께 일해 나가는 것이라 할 수 있다.

우리도 시 연합, 군 연합과 같은 기구를 결성하여 저들과 같은 기능을 해 나가도록 육성해야 하리라 본다. 현재 도나 시·군이 수행하는 업무 가운데서, 시·군에 대한 지도적 성격의 업무나 각종 행사를 주관하는 따위의 일들은, 시·군 연합에 이양하면, 행정기관은 본연의 업무에 더욱 주력할 수 있게 될 것이다. 행정기관이 대민對民 서비스 같은 본연의 업무보다 행사주관 등 부수적 업무에 더 신경을 쓰다 보면, 공무원들은 저희들끼리만 바쁘다는 비판을 면할 수 없게 된다.

미국의 지방자치가 이토록 잘 운영되는 것은 배후에 이러한 교량 조직들뿐만 아니라 또 다른 순기능을 하는 조직들이 있기 때문이다. 그 가운데서도 두드러진 것들은 상공회의소나 공무원 각 직책별 조직 등을 들 수 있다. 지금부터 이러한 조직들의 면면을 살펴본다.

3) 상공회의소

미국에는 각 도읍 단위와 주 단위로 상공회의소Chambers of Commerce가 많이 결성되어 있다. 이 상공회의소가 지역발전을 위해 매우 중요한 구실을 하고 있다. 우리로 치면 행정기관이 담당할 상당한 부분의 일을 이들 조직이 해주고 있는 셈이다. 여행을 할 때에도 상공회의소를 이용하면 아주 편리하다. 상공회의소가 마치 그 지역의 종합 안내센터와 같은 기능도 수행하기 때문이다. 그러므로 어느 지역의 관광 정보, 산업 정보, 투자 정보 같은 자료를 입수하고자 할 때, 이들과 접촉하면 도움이 된다. 거리가 떨어져 있는 크고 작은 도시로 여행을 할 경우에도, 미리 이들에게 연락하면 필요한 정보를 쉽게 얻을 수 있다. 가령 어느 공항 부근에 현재 할인해 주는 숙박업소가 있는지에서부터, 잘 알려진 식당이나 상설 할인 매장Outlet이 있는지까지 자세하고 신속하게 알 수 있다. 여행하는 동안에는 여행 안내센터를 이용하는 것이 편리하나, 사전 계획 단계에서는 이 상공회의소를 이용하면 좋다. 개괄적인 관광 정보는 각 주 정부의 관광과나 트리플 에이(AAA: 연간 회비 20~40달러의 회원제 자동차 이동 서비스 조직)에서 얻을 수 있으나, 아주 국지적인 정보는 상공회의소에서 얻을 수 있다. 그러나 사실 상공회의소는 이보다 더 중요한 일을 한다.

미주리 주 상공회의소Missouri Chamber of Commerce의 경우, 회원들을 위한 로비활동과 각종 정보의 제공 업무는 기본이고, 미래의 지도자 양성 프로그램(the Leadership Program), 고교 교사를 위한 프로그램(Missouriana Program), 학생 교육 프로그램(College & High School Students Program) 등의 교육 활동도 활발히 한다.

지도자 양성 프로그램은 그 지역사회의 미래 지도자 양성을 목표로 그 지역 공무원과 직장인을 대상(약 40명)으로 지역 내의 공공기관이나 제조업체에 대한 시찰을 주선하고 강좌를 주관하는 프로그램이다. 주 1회씩 7개월의 과정으로, 수업료는 1인당 1천 달러이나 소속 기관에서 부담한다. 이 프로그램의 취지는 지역사회의 앞으로 지도자가 될 젊은 세대에게 그 지역 안의 각 공공기관이 하는 일, 그 지역의 경제 사정, 기업사정, 문화면 등 여러 주제에 대한 이해를 돕도록 하는 데 있다.

개인과 법인을 합쳐 총 9백 명의 회원을 갖고 있는 제퍼슨시 상공회의소도 이와 똑같은 프로그램을 운영하고 있다. 필자도 그곳에 있는 동안 두어 번 내빈 자격으로 참가해 보았다. 매주 화요일 오전 지정된 장소에 집합해 각 기관을 방문하는데, 경찰서의 취조실, 소년원, 군청의 유치장, 형무소의 감방과 죄수 작업실, 심지어 가스 사형장까지 샅샅이 보여주며 현황 설명을 해 주었다. 자기 고장을 이해시키는 데 더없이 좋은 발상이라 생각되었으며, 참가자들끼리 지면知面을 넓힐 수 있는 점에서도 좋은 프로그램이었다.

고교 교사를 위한 프로그램Missouriana Program은 매번 약 40명의 고교 교사를 대상으로 자유시장기업Free Enterprise과 사업 운영 방법에 대한 강좌를 주관하고, 각종 공장 견학을 주선하는 프로그램이다. 기간은 2일이고 참가비는 1인당 4백 달러이다. 'Missouriana'는 원래 루이지애나Louisiana가 미국 땅이 되기 전에 미주리 주가 루이지애나에 속한 땅이었기 때문에 그렇게 조어를 해서 이름을 붙인 것이라 했다.

학생 프로그램College & High School Students Program은 대학생과 고등학생을 대상으로 한 4시간 과정의 프로그램으로, 사업이나 경제, 문화에 대한 강좌를 주관하는데 참가비는 1인당 95달러라고 했다.

이러한 프로그램은 주 단위 상공회의소뿐만 아니라 시 단위 상공회의소에서도 운영하고 있다. 미주리 주 상공회의소의 경우 2천 8백 개 회원 회사와 180개의 시 단위 상공회의소가 회원으로 가입하고 있고, 상공회의소는 50명의 임원진Board에 의해 움직이고 있다. 회장은 이 임원진에서 임명하는데, 임기는 1년이나 후임자가 임명될 때까지 계속 연임할 수 있다. 기구는 회장과 부회장 아래 6개 부Council가 있다. 교육부, 사회 및 노동부, 환경부, 세무 및 재무부, 농업관련사업Agribusiness부, 섭외부로 나뉘어 있어 이들의 활동 영역을 짐작케 한다. 직원은 22명으로 자체 건물에 상당한 규모의 인쇄 시설까지 있다. 시 상공회의소도 자체 건물 소유는 물론이고 한눈에 넉

넉한 살림임을 느끼게 했다. 미주리 상공회의소는 6명의 등록된 로비스트로 회원 단체를 위한 로비 활동을 하는데 이것이 이들의 가장 중요한 임무이다. 필자가 이 상공회의소를 방문했을 때는 어느 시가 관광세 신설 법안을 의회에 제출해 놓고 의회의 움직임에 매우 예민해 있던 때였다. 법안의 전 조문이 컴퓨터에 입력된 채 자구 수정을 추적하고 있었다. 이런 사안은 시·군뿐만 아니라 지역 내 호텔, 공연장 등 많은 관광 업소도 관심을 갖고 있는 문제다. 상공회의소는 이런 경우 로비스트로서 임무를 수행한다.

이런 상공회의소가 각 시 단위나 주 단위에서 지역사회의 발전을 위해 미래 관리적 활동을 하는 것은, 그 상공회의소의 회원들을 위해서도 도움이 될 뿐만 아니라, 시나 주 정부 차원에도 도움이 된다. 이들에게 행정 당국을 이해시키고, 행정 당국이 애써 추진하거나 추진하려 하는 사업에 대해 관내 기업이나 주민들의 이해를 돌우어 준다는 그 자체만으로도 큰 도움이 되기 때문이다. 자라나는 세대에게 관내 기업들의 현황을 알게 하는 한편, 자유시장경제원리를 철저히 교육시키는 것이다.

여기서 필자는 각급 상공회의소가 추진하고 있는 이러한 교육프로그램들이 주 정부 차원에서 일관되게 추진하고 있는 주책州策 사업이라는 인상을 강하게 받았다. 즉 주 정부가 나서서 자유시장경제원리를 철저히 인식시키고, 경쟁 마인드를 철저히 교육시키는 것이다. 농정 시책 분야에서도, 농업학교 학생들에게 자유시장경제원리를 철저히 주입한다는 인상을 강하게 받았다. 농업 분야에서도 일반 영농교육보다 농업 관련 산업Agri-business의 창업이나 경영에 대한 교육에 대단히 열을 올리고 있고, 자유시장경제원리와 경쟁 마인드를 집요하게 교육시키고 있었던 것이다. 농업 관련 사업이란 농기계, 도정搗精기계 장비 등의 제작, 판매, 수출과 농수축산물 등의 가공, 수출 및 임산물 가공·원예·양어·양봉 사업 및 관련된 여러 기계 장비 제작, 판매, 유통 등을 총 망라한 연관 산업을 말한다.

상공회의소는 이 밖에도 여러 가지 사업을 한다. 제퍼슨 시 상공회의소를 예로 들면, 개인(연간 회비 210달러)과 법인을 합해 모두 9백 명의 회원이 있으며 앞서 말한 프로그램 외에도 '사업 시작 요령과 방법'에 대한 세미나(교육)도 개최한다. 또한 시·군이나 관내 은행의 지원으로 생산성 향상이나 삶의 질에 대한 연구 용역 사업을 수탁받아 연구 사업도 추진하고 있었다.

4) 주 단위, 전국 단위의 공무원 직책별 모임
– 상호 정보 교환으로 업무의 비교 발전 도모

미국의 지방자치나 행정의 발전 요인들 가운데 지나칠 수 없는 또 하나의 사실은, 각 직종·직위별 공무원 모임이 있다는 것이다. 이를테면, 전국 감사관연합National Association of Auditors, 전국 무슨무슨 장관연합(the National Association of Secretaries of States 등), 전국 고속도로와 교통성 공무원연합the American Association of State Highway & Transportation Officials (AASHTO) 등이다. 또 주 정부 각 직책별 연합 등의 다양한 모임도 있다. 이들이 직책별 모임을 통해 서로 소관 업무에 대한 정보를 교환하고 상호 비교 발전을 도모하는 것은 큰 이점이라 할 수 있겠다. 그런 덕분에 미국은 그 많은 주의 발전 수준이 비교적 잘 평준화되어 있는 것으로 보인다. 여기서 AASHTO를 하나의 예로 살펴본다.

AASHTO는 각 주 정부 교통성의 과장급에서 차관급까지를 대상으로 한다. 이 조직체는 교통 체계의 개발과 고속도로 운영, 유지·관리 및 발전을 증진하고자 결성된 모임으로 소관 업무를 추진하면서 겪은 경험을 서로 주고받는다. 이를테면 컴퓨터 성능 수준을 높이는(upgrading) 문제를 서로 협의하는 등 서로의 업무 발전을 위한 정보 교환을 한다. 이런 모임의 연 회비는 3만 1,253달러인데 주 예산에서 납부된다. 이들은 연 1회 정기적으로 모임(총회)을 갖는다. 이러한 모임은 직책별로 세분되어 있어서 고속도로 건설 분야에서도 설계 담당자를 위한 모임은 따로 있다. 이와 같은 각 직책별 모임은 전국 단위뿐만 아니라 주 단위로도 구성되어 있다.

5) 호손 재단Hawthorn Foundation

호손은 꽃 이름으로 미주리 주의 주화州花다. 미주리 주 주화의 이름을 딴 이 재단은 주지사가 경제적 이익 증진을 위해 활동하는 것을 지원하고자 설립되었다. 이를테면, 주지사가 수출 시장을 개척하려면 해외여행을 하여야 하나 예산이 없을 경우, 또는 예산에 계상되지 않은 외빈 방문에 따른 연회비宴會費나 선물비 같은 접대비가 필요한 경우, 이를 지원해 주기 위한 조직이다. 이들이 주지사의 대외활동을 지원하는 대신 헌금자는 연방 정부의 관계 규정에 따라 면세 혜택을 받는다. 이들은 공무 수행상 예견되는 개연적인 여러 상황에 대해 미리 대처 방안을 만들고 투명하게 제도로 정착시키는 지혜를 갖고 있었다. 그 지혜에 감동하지 않을 수 없다.

이 재단은 회사, 노동조합을 포함한 350개 회원으로 구성되어 있다. 연간 회비는 개인은 50달러 이상, 사업체는 최소한 5백 달러 이상 납부하도록 되어 있다. 그런데 유명한 맥도널 더글러스(세계적으로 손꼽히는 비행기 제작 회사)는 1997년에 5만 달러를 기부했다고 한다. 이 재단의 운영은 40명으로 구성된 임원회Board of Directors가 맡아 하는데, 임원들은 3년의 시차임기로 역임하나, 임원이 되면 연간 회비를 1인당 1천 달러 이상 내야 한다. 재단의 대표격인 임원회의 의장은 임원들이 선출하며 임기의 제한은 없다. 임원들은 1년에 4번 회합을 가지며 사무실은 주 정부(경제개발성)에 두고 있다. 사무실에는 임원회에서 채용한 직원 2명이 상근하고 있다.

　이상에서 보아온 바와 같이 상공회의소나 공무원 각 직책별 모임, 행정활동 지원재단 등 각급 행정기관을 위해 긍정적 기능을 하는 이런 조직들이, 또 다른 요인들과 함께 미국 지방자치제도가 잘 작동되도록 도와주는 후원 작용을 하고 있음을 알 수 있다.

4. 지방자치의 다른 성공 요인들

미국의 지방자치제도가 성공적이고 모범적이라 한다면, 그런 성공을 가능하게 해준 또 다른 행정외적 중요한 몇 가지 요인들을 찾아볼 수 있다.

먼저 수표 실명제實名制를 들 수 있겠다. 앞에서 언급했듯이, 미국의 수표에는 예금주의 이름, 주소, 전화번호가 명기되어 있어 자동 영수 효과를 지닌다. 이런 제도가 있기 때문에 투명한 선거가 가능하고 재산공개(등록)제도가 실효를 거둘 수 있으며, 모든 경제 정의의 초석이 된다. 우리나라의 금융 실명제도 수표 실명제를 실시하면 쉽게 완벽에 가깝게 발전할 수 있을 것이다. 그리고 투명을 필요로 하는 모든 거래의 얼마 이상은 반드시 수표를 사용하게 하면 골치 아픈 자금 추적이니 자금 세탁이니 하는 말이 없어지고 세정도 맑아질 수 있을 것이다.

또 조세제도를 들 수 있다. 주세州稅, 시·군세를 세목으로 분리하지 않고 같은 세목 가운데 몫portion으로 구분하고, 원천징수가 아닌 거래 현장에서 세금을 거둠으로써 서민 대중을 세맹稅盲(세금에 관한 문맹)에서 해방시킨 과세제도도 지방자치 성공의 순기능적 요소라 할 수 있겠다.

지역 초급대학 제도community college system도 그렇다. 미국에는 작은 마을에도 거점별로 초급대학이 있는데, 대단히 허술하게 보이는 아주 작은 규모의 학교도 있다. 어쨌든 그 고장에 필요한 인재를 육성하고자 벽촌에까지 대학 교육기회를 고르게 부여하고 있는 이런 제도가 미국 저력의 바탕을 이루고 있다 할 것이다.

잘 수립된 내실 있는 자격면허제도Professional and Occupational License System도 들 수 있겠다. 자격면허제도는 개인의 전문 지식과 기술 능력의 정도를 객관적으로 보장하는 제도이므로 능력 위주의 투명하고 건실한 사회를 구축하는 데 꼭 필요하다. 게다가 그 자격증은 이름뿐 아니라 실속이 있다. 실제 경리계에 근무하려면 일반 직원도 회계사 자격을 기본적으로 갖추어야 하도록 되어 있다.

여성 인력의 활용도 아주 중요한 요인이 된다. 인구의 반은 여자인데, 상위급의 우수한 두뇌를 가진 여성 인력을 활용하지 않는 것은 고급 인력 자원을 썩히는 결과를 가져온다. 국가 인적자원의 활용 전략 차원에서 여성 인력의 계발·활용은 우리에게 시급한 과제가 아닐 수 없다. 미국에는 어떤 직장, 어느 직종이건 남녀가 함께 일한다. 항공사의 조종사도, 전화 가설 기사도, 컴퓨터 수리 기사도 여자들을 흔히 볼 수 있다.

노동 능력이 있는 여자가 낮에 집에 있는 것은 거의 찾아볼 수 없다. 혹 있다면 재택근무자이거나 지극히 부유한 계층의 여자이거나 노인들이다.

잘 짜여진 컴퓨터 시스템은 말할 나위 없고, 풀뿌리 민주주의의 초석으로 대변될 수 있는 잘 뿌리내린 정당 제도, 로비 제도와 배심재판제도도 매우 중요한 요인으로 들 수 있겠다.
거의 완전에 가까운 자유시장경제구조도 두말할 나위 없이 자치 성공의 가장 근간이 되고 있다.

오늘날의 미국이 있기까지는 무엇보다 그들의 훌륭한 건국 조상들Founding Fathers(Thomas Jefferson, George Washington, Benjamin Franklin)의 공을 빼놓을 수 없다. 초대 대통령 조지 워싱턴은 미국이 영국으로부터 독립을 쟁취하자 그의 추종자들이 그를 왕으로 추대하려 했지만 거부했다. 온 세계가 왕조로 이루어져 있던 때에, 왕이 되면 세습으로 가문의 영화가 보장될 터임에도 왕이 되기를 거부하고 대통령이 된 것이다. 아직도 지구상에는 자신이 공화제 아래 우두머리라고 자처하면서 왕으로 착각하는 미물도 적지 않은데 얼마나 훌륭한 조상인가!

MIT대학의 레스터Lester C. Thurow 교수는 '세계 경제 전쟁'으로 번역된 그의 저서 《Head to Head》에서 이렇게 언급했다:

미국의 제도가 완벽해서 더 이상 개선의 여지가 없다고 하는 견해는 미국의 독특한 역사에 말미암은 것이다. 미국의 건국조상들은 신이었다. 만일 그들이 신이 아니라면, 적어도 그들은 오늘날 살아있는 그 누구보다도 완벽한 인간들이었다. 그래서 그들은 더 이상 개선할 여지가 없이 영원히 지속될 독특한 제도를 창안해 냈고, 이들이 창안한 제도는 과거에도 완벽했고 현재에도 완벽한 것이다, 라고.

원문을 그대로 소개하면 다음과 같다.

The view that the American system is perfect and cannot be made better comes from America's peculiar history. America's founding fathers(Thomas Jefferson, George Washington, Benjamin Franklin) were gods, if not gods, at least individuals more perfect than anyone now alive. They designed a unique system that could last forever without improvements. It was, and is, perfect.

그러나 오늘날 미국의 각급 정부 제도에 대해 누구나 다 긍정적으로 생각하는 것은 아니다. 일각에서는 정부 제도를 다시 창안해야Reinventing 한다고 주장하기도 한다. 이들은 정부의 구조보다 정부 구조가 작용한 그 결과를 따지는 편이다. 어쨌든 필자가 보기에 그들의 행정제도와 행정 수준은 우리보다 까마득히 앞서 있었다. 마치 여기서 미국과의 거리만큼이나.

제6부

주 정부의 주요 시책과 모범 사례들

1. 참고할 시책과 행정 사례

지금까지는 주로 미국의 정당 제도나 로비제도, 위원회 제도, 실명 수표제 등 우리나라가 참고할 가치가 있는 모범적 제도들을 소개했다. 지금부터는 당시 미국에서 시행하고 있던 각 분야별 주요 시책 프로그램과 행정 사례들을 중심으로 우리가 참고할 가치가 있다고 판단되는 내용을 소개하고자 한다.

1) 농 정

오늘날 미국에서도 농촌의 이농 현상이 심각하다. 젊은이들은 농촌을 떠나려 해 나이 든 사람들만 농촌을 지키는 추세다. 농업 소득은 도시 일반 근로 소득의 60퍼센트밖에 되지 않는다(KS, MO). 농사만으로는 영농비도 충당할 수 없어 부부 가운데 한 사람은 직장에 다니거나 다른 부수입이 있어야 곡물 농사든 목축이든 농업에 종사할 수 있다고 한다. 농장 소유주 수와 소 보유 수가 미국에서 두 번째로 많은 미주리 주나 미국의 여섯 번째 농업 주라고 하는 캔자스 주(인구 약 280만 명에 소는 약 4백만 마리)도 모두 같은 처지이다. 그래서 농촌 젊은이들의 이농을 막으려는 정부의 노력도 필사적이다. 이들이 농촌을 지키고자 농민과 농업 후계자들에게 펴고 있는 다음의 여러 가지 시책(융자) 프로그램(MO)을 살펴보자. 이런 프로그램을 통해 미국의 농업이나 농정의 형편도 읽을 수 있어서이다.

(1) 농업 장학금 프로그램Agriculture Scholarship Program

이 프로그램은 농촌 출신으로 가족의 순수 농업 수입만으로 학교에 다니면서 농업이나 가사Home Economics 등 농촌과 연관된 분야를 전공하는 초급대학과 4년제 대학 학생들을 위한 장학제도이다. 수혜 규모는 4년제 대학생에게는 학기당 5백 달러씩 연간 1천 달러를 4년 동안, 초급 대학생은 같은 식으로 그 반액의 장학금을 2년 동안 미주리 주 농무성에서 지급한다. 연간 약 20명 정도의 학생이 이 프로그램의 혜택을 받고 있었다.

(2) 영농 입문자 융자 프로그램Beginning Farmer Loan Program과 융자 재원 확보 요령

영농 입문자 융자 프로그램은 새로 농업을 시작하고자 하는 18세 이상 영농 희망자에게 1인당 25만 달러까지 융자해 주는 제도이다. 융자금은 전액 영농 장비나 가축, 농지나 영농 축조물을 매입하는 데 써야 한다. 그 액수 가운데서 영농 장비나 가축 매입비로는 융자금에서 6만 2,500달러 이상 지출할 수 없다. 즉 자금의 편향된 지출을 막고 있다. 융자 기간은 25년을 초과할 수 없으며, 연간 약 40명이 혜택을 받고 있다.

이 프로그램의 자금 조달 방법이 좀 독특하다. 주에서 채권을 발행해 은행에 매각하면, 채권을 산 은행은 주 정부에 그 대금을 지불하는 것이 아니라 이 프로그램의 융자금으로 쓴다. 은행에서는 이 채권이 소득세 면세 조건으로 발행되어 농민들에게 저리로 대여할 수 있게 되어 있다. 이 프로그램은 연방 정부에서 주의 인구 비례로 면세 상한선을 정하고 있다. '인구 수 × 50달러 = 면세 상한선'이 된다.

(3) 농업관련산업 견학Agribusiness Academy

이는 주 정부 자금으로 연간 약 30명의 학생을 대상으로 농업관련산업Agribusiness을 견학시키는 프로그램이다. 참가 자격은 고등학교 2년생으로, 농촌 출신이거나 활동적인 4-H 클럽 회원 또는 FFA Chapter(Future Farmers of America의 약자로 전국적인 학교 내 농업관련 학생 조직임. 이 경우 Chapter는 Club과 같은 뜻)회원이어야 된다. 이 프로그램은 7일 동안 계속 되는데, 5월에 오리엔테이션으로 이틀을 보내고 6월 중순 나흘 동안은 농업관련산업 즉, 곡물회사, 육류 가공 공장meat processing, 비료공장, 온실 제작공장, 농기계류 제작공장과 판매회사, 그리고 기타의 회사를 견학한다. 또한 12월에 주지사가 주재하는 농업대회Governor's Conference on Agriculture에 하루 동안 참가하는 것으로 프로그램이 끝난다.

(4) '우리 미국 사회' 건설 프로그램Building Our American Communities

이 프로그램도 주 정부 자금으로 4-H 클럽 회원이나 FFA 회원을 지원하는 프로그램이다. 미주리 주에는 3백 개의 FFA Chapter가 있고 4-H 클럽이 9백 개 이상 있다. 주 정부에서는 각각 36개의 우수 4-H 클럽과 우수 FFA Chapter를 선정하여 클럽 당 5백 달러씩 연간 3만 6천 달러를 지원해 준다. 우수 클럽 선정 심사는 주 농무성 직원 1명, 4-H 관계 직원 1명, FFA 관계 직원 1명, 연방 정부 농무성 직원 1명으로 모두 4명의 심사단이 심사·선정한다.

(5) 영농 기계화 구축 프로그램Farm Mechanics Program

고등학교 농업 전공 학생을 위한 융자 프로그램이다. 영농

기계화 설비를 구축하거나 수리하는 데 필요한 부속이나 자재를 구입하려는 학생에게, 은행이 주 정부 보증으로 1인당 3천 달러에서 5천 달러까지 융자해 주는 프로그램이다. 2년 안에 원금과 이자를 모두 상환해야 한다. 연간 25~30명의 학생이 이 프로그램의 혜택을 받고 있다. 만일 돈을 빌려간 학생이 상환하지 않으면 주 정부가 50퍼센트를 상환할 책임을 진다.

(6) 작물 재배와 목축 융자 프로그램Crop & Livestock Loan

이 프로그램은 농촌 지역에서 작물 재배나 축산 사업 또는 잔디 손질 사업lawn care services을 하는 젊은이들을 위한 융자 프로그램이다. 대상은 4-H 회원이나 FFA 회원에 한하며, 융자금은 가축을 산다거나, 사료, 종자, 비료, 제초제, 살충제, 연료, 잔디깎기, 잔디 다듬기trimmer, 멀칭기mulcher, 살포기sprayer 같은 자재류 구입과, 그 밖에 이 사업 추진에 직접 필요한 비용을 위한 지출에만 써야 한다. 가축이나 영농장비 구입에는 융자 금액의 25퍼센트까지만 쓸 수 있다. 융자금을 편향되게 쓸 수 없도록 하려는 취지이다.

융자 액수는 연령에 따라 다른데, 8~13세까지는 1천 5백 달러까지, 14세에서 21세까지는 3천 달러까지 융자해 주며, 주 정부가 보증해주고 이자 할인도 해 준다. 융자액은 한 은행당 총 5천 달러를 넘을 수 없으며, 기간도 2년을 초과하지 못한다. 1997년 당시 이 프로그램으로 대출받은 학생은 약 1

천 4백 명이며, 융자 총 규모는 2백만 달러라고 했다. 어린 학생들에게까지 융자해 주는 것이 이채로운데, 어린 학생들은 융자금을 토끼나 애완동물 기르기에 쓴다고 했다.

(7) 대체 영농 융자 프로그램Alternative Loan Program

이 프로그램은 은행을 통하지 않고 주 정부 농무성이 농민을 대상으로 직접 융자해 주는 프로그램이다. 융자 대상은 재래식 영농이 아닌 다음과 같은 대체 사업을 개발하고자 하는 농민이다.

- 과일이나 야채 등 원예작물 생산과 유통
- 어패류 등 양식 사업이나 관련 장비의 제작 유통 사업
- 양봉 및 관련 장비 제작 등 사업
- 묘목 생산, 관목, 조경수 등 육림 사업
- 사료, 수렵 분야 사업(수렵용 조류 등)
- 운반식 온실portable greenhouses, 관개장비, 냉장장비refrige-
  ration cooling units 등 개발 사업

미주리 주는 내륙에 있는 주로 바다가 없다. 여기서 말하는 어패류는 내륙의 담수 어패류를 말한다. 융자 액수는 최저 5백 달러에서 최고 1만 5천 달러까지이고 연이율 8퍼센트에 융자 기간은 5년 이내이다. 융자 자격은 14세 이상이며 21세 이하인 사람은 부모나 후견인의 승낙이 필요하다. 이 프로그

램에는 연간 약 20~30명이 혜택을 받고 있다고 했다.

(8) 가축 분뇨 처리체계 개선 융자 프로그램Animal Waste Treatment System Loan Program

이 프로그램은 소규모 목장이나 양금장養禽場 운영자poultry operator에게 분뇨처리 체계 개선에 필요한 자금을 10년 상환 조건에 연리 5.8퍼센트로 1인당 4만 달러까지 융자해 주는 프로그램이다. 재원은 연방 자금이 6분의 5, 주 자금이 6분의 1을 지원해 주며, 연간 약 15명이 혜택을 받고 있다. 그런데 이들이 말하는 소규모 시설의 기준은 다음과 같다.

- 비육우 1천 마리 이하 소유 시설
- 돼지 2천 5백 마리 이하 소유 시설
- 젖소 7백 마리 이하 소유 시설
- 알 낳는 닭laying hens 3만 마리 이하 소유 시설
- 고기용 닭broilers 10만 마리 이하 소유 시설
- 칠면조 5만 5천 마리 이하 소유 시설

여기서 잠깐 여담으로 소에 대한 여러 가지 표현들을 한번 정리해보자. 미국에서 비육우는 보통 'beef cow' 또는 'beef cattle', 젖소는 'milk cow', 'dairy cow' 또는 'dairy cattle'이라 한다. 또 'cow'하면 임신 경험이 있는 암소를 말한다. 임신 경험이 없는 처녀 소는 'heifer'라 부르고, 송아지는 'calf'라 한다. 번

식용 수소는 'bull'이라 하고 거세된 수소는 'steer'라 한다. 'calf' 는 사람의 종아리를 뜻하기도 한다. 미국인들은 닭도 계란용, 고기용으로 구분해서 부른다. 계란용은 'laying hens', 고기용은 'broilers'라 한다. 미국에서는 가축을 도살할 때, 연방 정부의 권고 도살 원칙Federal Inspired Slaughter Plan에 따라 고통 없이 죽게 한다. 우리도 빨리 채택해야 할 과제라 여겨진다.

(9) 축사시설 개수 융자 프로그램Single Purpose Animal Facilities Loan Guarantee Program

이 프로그램은 목장 생산시설 개수 비용을 융자해 주는 것으로, 1인당 25만 달러 한도 안에서 10년 동안 상환한다. 수혜 농민은 약 120명이며, 상환이행을 하지 않을 경우 남은 원금의 25퍼센트는 주에서 책임져야 한다.

지금까지 보아온 바와 같이 주 정부는 일손이 떠나가는 농촌을 지키고자 온갖 노력을 다하고 있음을 알 수 있다. 이러한 프로그램을 자세히 소개하는 까닭은 현재 우리나라의 농정과 견주어 부족한 부분은 농협과 협조하여 새로운 프로그램 개발에 참고하도록 하기 위함이다.

미국에는 정부 수매 제도가 없다(KS, MO). 1980년대까지는 수매 제도가 있었으나, 1990년대에 들어와 없어지고 대신 민간 곡물 회사에서 수매한다. 곡물 수출을 위해서도 몇 개의 주가 연대해서 미국 중부 농업무역기구Mid America Agriculture Trade Organization(MIATO) 같은 매개 기구를 거쳐 수출을 추진한다고 했다. 주 정부 농무성에도 무역 전담과가 있다. 그런데 곡물의 등급을 매기는 방법이 아주 엄격하다. 농무성에서는 등급을 매길 때 곡물을 수거해 급회전식 건조기에 넣어 같은 온도로 말린 다음, 같은 조건에서 등급을 판정하는 방법을 쓰고 있었다. 미주리 주에서는 도량형 기구검사 업무와 택시 미터기 검사 업무, 휘발유와 디젤의 순도 검사와 고속도로 위의 화물차 중량점검 업무 등이 농무성 소관 업무로 되어 있다. 캔자스 주에서는 작물을 재배할 때에는 예보제에 따라 재배한다precision farming.

2) 보건 사회 분야

미국은 확실히 풍요로운 나라다. 우리 기준으로 볼 때 상당히 대농이라 할 수준도 그곳에서는 영세농으로 여길 정도이니 말이다. 미국 생활의 풍요로움은 물보다 더 흔하게 쓰는 전기 소비에서도 드러난다. 11월 넷째 목요일인 추수감사절 Thanks-giving Day이 끝나기가 무섭게 사무실도, 일반 가정도, 공공청사도, 주요 거리도 크리스마스 치장에 들어간다. 반짝이는 보석 등이나 별빛 전선을 지붕이며 주변의 나무에 온통 찬란하게 휘감는다. 시청에서는 잘 치장한 집을 골라 상까지 준다. 물론 전기료는 냉·난방을 다 하고도 아주 싸다.

이런 면도 있다. 캔자스 주에 있을 때 아주 친하게 지낸 친구인 치과의사와 그곳 시립 대학의 통계학 교수이면서 시립 교향악단장이 있었다. 치과의사인 폴Paul과 주 정부 공무원인 캐럴린Carolyn 부부는 고양이를 네 마리 키우고 있었는데, 출근하면서 빈집에 종일 TV를 켜 놓는다. 고양이들이 심심하지 않게 보라고. 교수인 드라이버Driver도 직장 생활을 하는 부인 루스Ruth와 같이 개 한 마리를 키우고 있는데, 낮에 개가 심심하지 않게 들으라고 빈집에 종일 클래식 음악을 틀어 놓는다. 이들은 가족이 몇이냐고 물으면 꼭 개와 고양이까지 포함해서 말한다. 사람처럼 취급한다고나 할까? 캐럴린이 키우는 고양이 가운데 한 마리는 당뇨병에 걸린 고양이라서 며칠 간격으로 인슐린 주사를 맞혀가며 키우는 걸 보면 정말 사람처럼 대우하며 지낸다.

이런 풍요와 여유 속에서도 어디에나 가난은 있기 마련이다. 1997년 당시 미주리 주의 경우 전체 인구 530만 명 가운데 생활보호대상자가 약 20퍼센트에 달했다. 그 가운데 12퍼센트는 양식food stamp까지 지원해 주어야 하는 우리의 거택보호자에 해당되고, 11퍼센트는 의료 부조자에 해당된다. 그러면 지금부터 저소득층을 위한 여러 가지 프로그램 가운데 주요한 몇 가지를 미주리 주를 중심으로 살펴본다.

(1) 저소득 가구 주택연료 지원 프로그램Low-Income Home Energy Assistance Program(LIHEAP)

이 프로그램은 저소득 가구에 냉·난방비를 지원하는 프로그램이다. 미국은 집을 지을 때 냉·난방시설이 기본이다. 그러다 보니 잘 사는 나라답게 에어컨 비용까지 정부가 지원해 준다.

(2) 입양 양육 프로그램Foster Care Program

이 프로그램은 육체적·성적으로 학대받는 아이들을 위한 것이다. 이 세상에는 어디를 가나 알려지지 않은 그늘진 구석이 있다. 1996년 당시 미주리 주에서만도 이런 학대를 받는 아이들이 자그마치 8천 6백 명이라 했다. 그 가운데 성적으로 학대받는 아이들이 약 2천 명이다. 믿어지지 않는 것은 그 2천 명의 75퍼센트는 친부모로부터, 그리고 7퍼센트는 양부모로부터 학대받는다는 사실이다. 이런 아이들을 구제하기 위해 하숙치듯 길러줄 가정foster family에 입주시키는 프로그램이다. 아이들의 연령에 따라 1인당 숙식비로 월 250달러에서 280달러로 계약하고 주 정부에서 지불한다. 그 밖에 의료 카드 발급과 발병 시 특별 진료비, 의류비 1백 달러와 데이케어day care 비용, 기타 필요한 비용을 지급한다. 소년소녀가정의 경우는 아주 입양을 시키는 사업을 한다.

(3) 부녀자 및 영유아 보조급식 프로그램Women, Infants and Children Supplemental Food Program(WICSFP)

이 프로그램은 이름 그대로 저소득층의 부녀자와 영아와 유아를 대상으로 지원하는 것으로, 연방 정부 예산으로 시행된다고 했다.

(4) 의료 지원 프로그램(Medicaid와 Medicare)

'Medicaid'는 주 정부에서 주관하는 저소득층 의료 부조 사업이다. 저소득층과 저소득의 노년층, 지체부자유자가 수혜 대상이고, 재원은 연방 정부 자금 60퍼센트와 주 정부 자금 40퍼센트로 꾸려 나간다. 'Medicaid' 대상은 주 인구의 11퍼센트에 이르는데, 이들은 병원·양로원 등 주 정부와 계약된 업소를 이용한다. 이들은 자녀와 관계없이 본인의 건강 상태로만 부조 대상 여부가 결정된다. 자녀가 아무리 부자라도 별개의 문제로 여긴다.

또 백 퍼센트 연방 예산으로 연방사회보장청Social Security Administration에서 주관하는 'Medicare' 사업이 있다. 65세 이상 노인이 수혜 대상이다. 의료비의 80퍼센트는 정부 부담, 20퍼센트는 본인 부담인데, 그나마도 의료보험으로 충당되기 때문에 본인 부담을 실감하지 못한다고 한다.

(5) 노인 영양 보조 급식 프로그램Senior Nutrition Program

이 프로그램은 연방 정부 예산으로 65세 이상 노인 가운데 희망자에게 주말을 제외한 주 5일 동안 무료로 점심을 제공하는 프로그램이다. 이는 연방 정부의 노인 권장 영양 수준 Recommended Dietary Allowances에 따라 적정한 영양을 공급하고, 서로 만남의 기회를 만들어 주는 데 목적이 있다. 캔자스 주에는 노인 업무를 다루는 노인성Department of Aging이 따로 있는데, 필자가 캔자스 주에 있을 때 노인성 담당 과장의 안내를 받아 노인 급식소에서 그들과 함께 식사를 해 보았다. 급식소는 부근 교회 시설에 있었는데 식사 수준은 괜찮은 편이었고, 대개 저소득층 노인들만 모였다(80명 정도). 오래 전에 주 정부의 장관을 지냈다는 할머니도 있긴 했다. 그 할머니를 제외하고는 모두 의욕 없이 자포자기한 모습들이었다. 필자는 함께 간 주 정부 직원들에게 이들의 인연 맺기 사업을 해보면 어떻겠느냐, 조언을 했더니 대단히 좋은 아이디어라고 반기며 곧 착수해 보겠다고 했다.

그런데 이날 식사를 하면서도 또 한 가지 느낀 것이 있다. 주 정부 과장과 직원, 그리고 외국인이 특별한 내방객으로 가서 식사를 하게 되면, 우리나라에서는 대개 그냥 식사를 하게 했을지 모른다. 그러나 이들은 꼬박 계산을 했다. 그렇게 하지 않을 수 없는 체제였고, 필자의 식사 값은 그 과장이 내주었다. 모든 것에 엄격한 규칙이 있고, 그 규칙은 빈틈없이 철저히 지켜지고 있었다.

이런 프로그램이 운영되는 체계는 이러하다. 미주리 주를 예로 들면, 미주리 주를 10개 지역Region으로 나누어 지역마다 'Agency of Aging'이라는 조직이 있는데, 주 정부와 계약(연 3천 5백만 달러)을 맺고 이러한 노인 돌보기 프로그램을 운영한다. 그리고 그 하위 조직으로 'Senior Center'(305개소)가 있어 이 센터가 사업을 추진한다.

(6) 선택형 돌보기 프로그램Care Option Program

주 정부가 독거노인의 목욕이나, 세탁, 또는 청소를 개인 회사와 계약을 맺어 돌보도록 하는 프로그램이다. 1997년 당시 미주리 주에만도 이런 일을 하는 회사가 자그마치 2백 개나 있었다. 이 프로그램에 드는 비용은 1인당 연간 5천 5백 달러라고 했다. 양로원에 수용할 경우, 1인 1일 수용비는 75달러, 1인당 연간 2만 8천 달러가 소요된다고 했다. 미주리 주에만도 1997년 당시 양로원이 495개소가 있었으며, 그 가운데 약 30개소는 군에서 운영하는 것이라 했다. 양로원과 비슷한 시설로 상주치료시설Residential Care Facilities이라는 것도 있다. 주 안에 685개소가 있는데, 양로원Nursing Home은 스스로를 돌볼 수 없는 노인들을 수용하는 시설인 것과 달리, 상주치료시설은 스스로 돌볼 수 있는 노인들을 수용하는 시설이다. 그런데 이런 시설에 수용하는 원칙은 저소득층은 전액 지원하고, 능력 있는 사람은 80퍼센트 자담하게 하고 여유 있는 사람은 전액 자담하게 되어 있다. 이 프로그램 운영비의 60퍼센트는 연방 예산에서, 40퍼센트는 주 예산에서 충당된다. 캔자스 주의 경우, 장로교 또는 감리교 등 주로 교회 재단에서 양로원을 운영하는데, 필자가 본 한 양로원은 건물 안에 무료 수용자, 약간의 수용비를 내는 사람, 아파트처럼 된 한 구획(Unit)을 사가지고 들어온 사람 등 여러 계층이 있었다. 무료 수용자는 개인별 목욕시설 없이 공동 시설을 이용하게 되어 있었다.

(7) 방문 일손 돕기 프로그램Meals on Wheels Program

독거노인 등 집안에서만 지내는 노약자들을 위해 자원 봉사자들이 주 2~3회씩 방문하여 돌보는 프로그램이다.

지금까지 언급한 생활보호 대상자와 노인 관련 업무는 사회사업성Department of Social Services에서 담당한다(MO, KS에는 노인성). 우리나라에서는 호적 사무는 국가 사무로 법원의 업무이면서 시·구·읍·면에 위탁해서 처리하지만, 미국에서는 호적에 해당하는 출생증명Birth Certificate이나 사망증명Death Certificate은 주 정부 사무로 보건성Department of Health에서 관장한다(MO). 출생·사망 신고는 군이나 주에 한다. 혼인신고 Report of Marriage나 이혼증명Certificate of Dissolution of Marriage 은 군에서 다루고 보건성에서는 보고만 받는다.

미주리 주에서는 정신질환 분야를 전담하는 정신건강성

Department of Mental Health이 별도로 있는데, 주 안에 자그마
치 25개의 정신진료소Mental Health Center와 6개의 재활진료소
Rehabilitation Center 및 7개의 병원이 있다. 주 전체 인구가
530만 명인데도 이런 정도의 시설을 갖추고 있는 것이 참으
로 부러웠다. 이 시설 가운데 정신진료소 19개소는 이미 민영
화했었고, 1997년 당시 5개소를 계속 민영화 추진 중에 있다
고 했다. 우리의 공기업들이 앞으로 가야할 길을 미리 보는
것 같았다. 정신건강성 산하에 정신과 의사가 1백 명이나 되
며, 정신건강성 장관은 주지사가 임명하는 것이 아니라 7명으
로 이루어진 정신건강 위원회에서 임명한다. 정신건강성은 알
코올 및 마약 남용 중독자, 정신 질환자, 지진아 및 지체부자
유자를 치유하는 일을 맡아 한다. 나아가 이들은 슬롯머신 등
의 도박 중독자의 치유까지 다룬다. 필자가 정신건강성을 방
문하던 날 강당에서는 도박 중독자 치유 요원을 교육하고 있
었다.

3) 보훈 업무

미주리 주 보훈처Missouri Veterans Commission의 주요 기능은
연금 부문Benefit Side과 요양 부문Care Side으로 나뉜다. 요양
부문으로는 재향군인 사택Veterans Home과 재향군인 병원을
운영한다. 재향군인 사택은 양로원 격으로 독신자와 일부 젊
은 층의 지체부자유자를 수용한다. 이런 사택은 전국적으로

약 80개소가 있고, 미주리 주에만 5개소에 6백여 명을 수용한
다. 1997년 당시 미주리 주의 재향군인 수는 5만 8천 명, 그
가운데 여자가 2만 3천 5백 명이라 했다. 보훈처의 직원은 미
주리 본부에 15명, 각 지방 직원을 합치면 모두 8백 명이나
된다. 보훈 사업을 위한 예산 가운데 3분의 1은 연방 예산, 3
분의 1은 주 예산, 3분의 1은 자체 수입으로 충당한다. 이들
은 연방 보훈청Federal Veterans Administration으로부터 매년 회
계 감사를 받는다고 했다.

4) 환경 분야

(1) 쓰레기 처리

일반 가정의 쓰레기는 어디를 가나 주 1회 수거해 가는 체
제이다. 모든 가정의 쓰레기통은 똑같다. 네모진 바닥의 한쪽
으로만 두 개의 바퀴가 달린 플라스틱 통인데, 이 통은 보통
청소 회사에서 임대해 쓴다. 임대료는 쓰레기 수거료를 낼 때
같이 낸다. 쓰레기통을 직접 사서 쓸 수도 있으나 빌려 쓰는
게 편하다. 없어지거나 망가지면 청소 회사에서 다시 갖다 놓
기 때문이다. 오하이오 주의 톨리도Toledo 시에서는 집집마다
쓰레기통 말고도 맥주병을 담는 플라스틱 통의 모양과 크기
가 같은 재활용품 통recycling box을 하나씩 더 쓰고 있었다. 필
자가 살았던 캔자스 주의 아파트에서는 큰 플라스틱 쓰레기

통을 동별로 처마 밑에 두고, 그 통에 달린 여닫이 형태의 입구에 봉투에 넣은 쓰레기를 버리게 되어 있다. 이들은 유료 봉투는 쓰지 않는다. 또한 모든 가정의 부엌 개수대에서 스위치를 올리면 설거지를 하고 생긴 음식 쓰레기가 분쇄되어 하수도로 나가게 되어 있어, 젖은 음식물 쓰레기는 버릴 일이 없다.

캔자스 주의 샤니 군에서는 쓰레기 처리를 군 예산에 의존하지 않고 자체 경영 수익으로 꾸려 간다. 군 청소과에는 직원 70명과 22대의 청소차가 있는데, 그 가운데 4대는 재활용품만 운반한다. 일부 지역의 청소는 군에서, 일부는 청소 회사Collecting Company에서 담당한다. 이런 회사는 지역 주민들과 직접 계약하기 때문에 군과는 무관하다. 그렇게 계약된 청소 회사가 네 곳이다 보니 군(청소과)과 청소 회사가 서로 서비스 경쟁 관계다. 군에서 많은 직원의 보수, 장비의 유지 관리비와 노후 장비 교체비를 감당하려면 경영 마인드를 갖지 않을 수 없다. 수거한 쓰레기는 매립 회사에 톤당 20달러 85센트의 매립비와 1달러 50센트의 재활용비Recycling Charge를 내고 버린다. 그리고도 군청 청소과에서는 예산을 쓰지 않고 자체 수입으로 운영해 나간다고 했다.

우리도 쓰레기 처리 체계를 근본적으로 개선해 자립 체계로 바꾸어 가야 되리라 본다. 그러자면 쓰레기 수집 기능과 매립 기능을 분리하고 민영화 체제로 바꾸어야 한다. 즉, 매립회사도 설립하게 하고 매립 수익도 올릴 수 있는 체제로 바꾸어야 한다. 그러면 미국의 매립 회사는 어떻게 운영되는지 그 사례를 보자.

　필자가 캔자스 주에 있을 때 군청 직원인 청소과장의 안내로 쓰레기 매립 회사(Rolling Meadow)의 매립 현장을 가 보았다. 멀리 집들이 보이는 너른 언덕이었다. 지형이 골이 지고 패인 곳이 아닌, 곧바로 택지든 농경지든 어떤 용도로도 쓸 수 있는 평평한 곳이었다. 그들의 쓰레기차는 우리 것과 비슷하거나 약간 커 보일 정도인데 하루에 1백 대 분씩 매립했다. 매립장 입구를 통과할 때 자동차 중량을 재는데, 1톤당 20달러 85센트를 비용으로 지불하니, 4톤 청소차를 기준으로 해도 하루 8,340달러씩 입금이 되는 셈이다. 수지맞는 장사다. 1996년 당시 매립장을 20년째 쓰고 있었고, 앞으로 40년은 더 쓸 수 있다고 했다. 이들은 넓은 땅에 쓰레기 버릴 곳을 파서 쓰레기를 묻고, 또 그 옆자리를 파서 묻고 하는 식이다. 쓰레기를 묻을 때는 바람에 날아가지 않게 계속 흙으로 덮으며 묻었다. 매립이 끝나면 잔디를 입혀 골프장으로 활용할 계획이라고 했다.

　쓰레기 매립 회사는 연 2회씩 지하 공해 문제에 대해 관계 기관Corporation Commission(우리의 가스 등 안전공사와 비슷한 정부기관)으로부터 감사를 받는다. 이들은 지하의 오염을 막기 위해 다음과 같은 방법으로 쓰레기를 매립하고 있었다.

　– 땅을 깊이 파고 3피트(약 1미터)정도 흙을 깐다.

- 60밀리미터 플라스틱HDPE Plastic으로 덮고, 16온스의 토목섬유geotextile를 덮는다.
- 1피트(약 30센티미터)의 쇄석을 깔고 다시 8온스의 토목섬유를 덮은 다음 쓰레기를 쏟아 붓는다.
- 쓰레기를 쏟을 때마다 먼지가 퍼지는 것을 막기 위해 흙으로 덮어가며 다지고, 측정기로 다짐 강도를 잰다(Nuclear Density Test).
- 다져진 쓰레기 위에 40밀리미터의 플라스틱을 덮고, 3피트의 흙을 덮은 뒤 잔디를 식재한다. 그 과정에서 물과 가스를 뽑아내는 부수 조치를 한다.

이처럼 철저하게 조치를 하며 쓰레기를 매립하지만, 1년에 두 번씩 지하 오염 방지에 대한 감사를 받는다. 매립한 뒤 골프장으로 활용한다는 계획이 또한 매력 있어 보였다. 쓰레기 매립지 찾기가 쉽지 않은데, 나중에 골프장으로 개발할 수 있는 곳이라면 다 쓰레기를 매립할 수 있는 후보지가 될 수 있으니 말이다.

우리도 쓰레기 매립 업무를 시·군에서만 해야 하는 일로 생각하지 말고 쓰레기 매립 그 자체를 하나의 영리사업으로 민간에 운영하게 하면 행정기관이나 주민이 서로 좋을 일이다. 그리고 그런 사업을 할 경우 골프장 개발이 자동적으로 허가되는 혜택까지 준다면 어떨까?

(2) 공원 관리

우리나라는 국립공원이나 도립공원이 주로 경관지 중심으로 지정되어 있으나, 미국의 경우는 좀 다르다. 경관이 수려한 곳 말고도 야생동물 보호와 자연 생태계 보전, 그리고 레크리에이션(주로 사냥, 낚시, 보트놀이 등) 중심으로 공원이 지정되어 있다. 그래서 캔자스 주의 경우, 공원 지정 초기에는 사냥꾼·낚시꾼으로부터 야생동물 자원을 보호하기 위해 수렵 시기와 장소를 제한하는 목적에서 출발해, 1930년대에 들어 야생동물 자원 회복restoration of population of wildlife기를 거쳐, 이제는 야생동물의 수를 관리하는 단계에까지 왔다고 한다. 캔자스 주에는 현재 23개 주립공원에 137종의 야생동물이 서식하고 있는데, 이런 자연 자원 보호를 위해 주립공원 관리 총 예산의 약 30퍼센트를 연방 예산에서 지원하고 수시로 현장 감사도 나온다고 한다. 주립공원 안에는 숯을 갖고 오면 누구나 고기구이(바비큐)를 할 수 있도록 바비큐 시설이 잘 갖추어져 있다. 특이한 것은 캔자스 주 안에는 야생동물이 그곳에 들어가면 잡지 못하는 마치 야생동물의 소도蘇塗에 해당하는 동물 피난처National Wildlife Refugee가 세 곳에 설치되어 있었다. 공원 관리 요원들은 제복과 제모를 착용하고 사법권도 행사한다.

그런데 일반 공원에서 한 가지 주의해야 할 점이 있다. 고기도 굽고 식사도 할 수 있는 시설이 갖추어져 있을지라도, 술은 절대로 마실 수 없다. 개인이 가지고 온 캔 맥주도 마시지 못하게 금하고 있는 주가 있는가 하면, 그냥 마셔도 괜찮

은 주도 있다. 캔자스 주가 전자에 속하고, 미주리 주가 후자
에 속한다. 주마다 공원에서의 음주 허용여부가 다르기 때문
에 미리 알아 두어야 한다. 금지하는 주에서 음주를 하게 되
면 바로 처벌이 따른다.

시내의 일반 공원에도 바비큐 시설이 되어 있고, 그런 공원
은 대개 묘지와 연결되어 있다. 우리의 공원묘지 개념이 아니
라 묘지의 공원화가 잘 되어 있는 셈이다. 미국은 묘지에 대한
관념이 우리와 다르다. 비싼 고급 식당이 바로 묘지 앞에 있는
경우가 이를 설명해 준다. 토피카 시에서 숙박업을 겸한 고급
식당이 바로 묘지 앞에 있는데, 고급 손님들만 드나든다.

(3) 인공호수와 수상경찰Water Patrol

미국에는 주마다 연방 소유의 저수지도 여러 곳에 있고, 곳
곳에 크고 작은 인공호수들이 많다. 이 호수들은 홍수 조절,
수자원 이용, 경관 조성과 레크리에이션 증진 등 다목적으로
만들어진 것이나, 무엇보다 호수 둘레에 택지 조성의 목적도
빼 놓을 수 없다. 호수는 주에서 만든 주 호수, 군에서 만든
군 호수에 개인 호수도 있다. 개인 호수는 개인이 호수 주변
에 택지를 조성하여 분양할 수 있는데, 그곳 행정기관으로서
는 홍수 조절도 돼서 서로 좋을 일이다. 미국에서 대개 인기
있는 주택지는 호수 주변이나 골프장 주변이다. 골프장에 바
싹 다가선 주택들은 골프장이 마치 큰 정원 구실을 하기 때문
이다. 호수나 골프장에 대한 인식이 우리와는 다르다. 그리고

그 주변을 택지로 활용하는 것을 보면, 국토 이용 관리 측면에서 분명 우리보다 한 수 위에 있다. 물론 주택 오수 정화 체제도 완벽해 수질 오염은 전혀 걱정하지 않아도 된다. 일 년 내내 바다 구경을 하지 못하는 내륙 지방에서는 이런 호숫가 한 쪽에 모래를 깔아 해변Beach이라 부르고, 여름에는 거기서 수영을 하며 바다에 대한 그리움을 삭이기도 한다.

미주리 주에는 이러한 호수들과 내륙 수로를 이루는 강과 그 유역의 치안을 다루는 수상경찰Water Patrol이 따로 있다. 수상경찰은 주 경찰로, 주 경찰청과는 완전 별개의 조직이다. 제복도 계급도 다르다. 이들은 수상에서의 각종 범죄, 보트와 선박의 안전과 보안, 그리고 강과 운하와 호수에서 벌어지는 마약 밀수 차단을 주 임무로 한다.

우리나라의 경우 바다를 지키는 해양경찰이 있으나 내륙의 그 많은 계곡과 크고 작은 강에 대해 사법권을 가진 저런 본격적인 전담 조직은 별도로 없다. 필자는 일선 행정 실무 경험상으로도 그런 조직이 꼭 필요하다고 본다. 기존 경찰과는 별개의 조직으로 내륙 수상경찰이 필요하다.

내륙 수상경찰은,

- 하천 감시영역으로 하천 자갈 모래 무단채취, 각종 폐기물 방기, 불법 어로 단속

- 수질 오염 감시 영역으로 상수원 보호, 폐수방류 및 환
    경오염 물질 배출 단속
  - 선박 안전 영역으로 유도선 안전, 선착장 안전과 보안,
    마리나 시설 안전, 기타 선박 안전 및 사고 조사
  - 유역 질서 영역으로 하천 계곡 불법 건축물 및 축조물
    단속, 행락질서 및 풍속 사범 단속
  등의 업무를 전담하는 조직을 말한다.

  수상경찰이 이 같은 업무를 전담하는 대신 현재의 하천 감
시원 제도는 통합을 전제로 한다.

5) 건설 · 교통

  미국에서는 고속도로를 설계할 때 컴퓨터 설계를 한다. 컴
퓨터 설계를 하면 연필로 하는 수작업보다 훨씬 정밀하고 공
정한 설계가 된다. 연필로 설계하면 연필심의 굵기에 따라 지
상의 실제 경계에 많은 차이가 난다고 하는데, 이와 견줄 때
훨씬 앞선 설계 방법이다. 미국은 청사 사무실 배치 칸막이를
할 때도 컴퓨터로 구획 도면을 작성하고 이에 따라 구획한다.

  교통성에는 항공측량, 지질조사, 건설기획, 설계, 건설공사,
교량, 자재 부서 등이 있는데, 컴퓨터 설계는 조사된 지질 자
료와 항공 측량된 자료 등을 컴퓨터에 입력해 설계를 하고

공사비도 컴퓨터로 산출한다. 캔자스 주의 경우, 1988년부터 컴퓨터 설계를 시작했는데, 항공측량 사진을 컴퓨터에 입력하는 등의 준비 기간이 약 2년 정도 걸렸다고 한다. 우리도 머지않아 항공 측량과 컴퓨터 설계 시대가 오리라 보고 이를 준비하는데 도움이 될까 싶어 그들이 사용하는 기계를 알아보았다. 캔자스 주 교통성에서 쓰는 컴퓨터 설계장비drafting machine는 'Stereoplotter'라고 하는데 앨라배마Alabama 주의 헌츠빌Huntsville에 있는 인터그래프Intergraph라는 회사에서 제작한 인터맵Intermap(모델명)을 사용하고 있었다.

설계서가 작성된 뒤 공사를 발주(계약)하는 원칙은 다음과 같다(MO).

- 건설 보증 보험에 가입되고(Bonding Company), 주에 등록된(approved list) 건설회사로, 지역 제한을 두지 않는다.
- 완전공개경쟁입찰 원칙에 의거한 저가 입찰 방식으로 낙찰시킨다.
- 만약 1개 회사만 응찰했을 경우에는 유찰시키며, 공사 예정가Estimates 2만 5천 달러 이하의 긴급 공사는 예외적으로 수의계약이 가능하다.
- 감리 계약은 별도로 하지 않으며 시공회사의 공사 현장 책임자의 자격 등급 지정 제도도 없다.
- 하자 보수기간은 대개 1년이나, 이를 무시하기도 한다.
- 공사비는 2주 단위로 성과급만 지불하는데 단 2.5퍼센

트는 공사가 완료될 때까지 지불을 보류한다(미주리 주
교통성).

이들도 토지수용 제도, 지체상금遲滯償金 제도가 있으나 주 정
부가 시·군의 설계를 심사하는 제도는 없었다. 고속도로 건설
은 연방 정부의 고속도로 건설세칙Guide Specification for Highway
Construction과 관계 규정Inter Modal Surface Transportation Efficien-
cy Act, 주 단위 세칙Missosuri Standard Specification for Highway
Construction에 따라 추진한다.

한편 미주리 주 행정처가 시행하는 각종 건설 공사(형무소
건립 등)의 경우 설계는 수의계약을 하는데, 5개 업체를 선정
하여 계약 조건 등을 협의해 보고, 그 가운데 한 회사를 선정
계약하는 방법으로 하며 건설 공사는 지역 제한 없이 종합 건
설사를 상대로 공개입찰한다. 하자보수 기간은 역시 1년이다.

군 단위 건설과Public Works Division에서 공사를 발주할 때
지키는 원칙을 알아보았다(캔자스 주 콜 군). 먼저 군의 건설
과에서는 도로, 교량, 상수도, 하수도 공사를 담당하는데, 대
부분의 공사는 외부에 발주하고 설계도 마찬가지다. 공사 계
약은 3천 달러 이하는 수의계약, 그 이상은 반드시 공개입찰
을 하도록 되어 있다. 입찰 자격에 지역 제한은 두지 않는다.
감리는 대부분 설계회사에 맡기고, 관급 자재 공급 제도가 없
으며 계약 회사에 모두 맡긴다. 자재 강도시험도 계약 회사에
일임한다. 교량 안전성 검사는 연방 정부 법령에 따라 군도郡
道 단위에서는 2년마다 하도록 되어 있다고 했다.

미주리 주 교통성의 경우는 연 1회 교량의 안전도 검사를 한다(Visual Inspection). 연간 교량 검사 계획Annual Bridge Inspection Program에 따라 교통성에서 직접 검사하거나 외부 전문업체(Consultant Company)에 용역을 주어 검사한다(검사내용은 주로 바닥deck, 상판이음부분joint, 상부구조superstructure, 하부구조substructure, 교량받침bearing, 경간徑間span과 전반적인 상태condition 등이다). 교량의 내진설계는 지진 취약 지구에 한해 설계되어 있는 실정이다.

그런데 건설 교통 분야도 장관이 자의적 행정을 할 수 없도록 견제 장치가 되어 있다. 그 내용은 6년 임기의 6명으로 이루어진 건설교통위원회 위원(6년 시차임기로 매년 1명씩 교체, 한 정당 과반수 구성 불가, 상원의 동의를 얻어 주지사가 임명)들이 장관을 임용하며, 고속도로 건설의 기본 계획과 주요 방침을 이 위원회에서 결정하도록 되어 있다(MO). 그러므로 고속도로 교통 체계의 개발이나 고속도로 건설 계획에 어느 누구의 영향력도 작용할 수 없다. 도로 건설 계획에 사사로운 정이 개입되었다는 의심도 받을 까닭이 없다.

6) 재무 분야

(1) 주 정부 금고의 분산으로 서민 융자 기금 조성

미주리 주의 사례로, 주 정부 기금을 각 은행에 분산 예치해서 중소기업, 농민, 학자금, 다가구 주택 건립, 창업 등의 분야에 대여하도록 기금화하는 제도이다. 일반 예탁금은 연리 6퍼센트이나 대여분에 한해서는 연리 3퍼센트로 계산한다. 대여 총 규모는 3억 5천만 달러로 건당 1회 5백만 달러까지 대여할 수 있고, 대여되지 않은 부분의 기금에 대해서는 연리 6퍼센트로 계산한다(Linked Deposit Loan Program). 미주리 주의 약 5백 개 은행 가운데 3백 개 은행이 이 프로그램에 참여하고 있다고 했다.

(2) 휴면계좌 등 주 정부 금고 귀속

현금, 채권, 안전금고 등 7년 이상 권리 행사를 하지 않을 경우(unclaimed property) 주 정부에서 환수하여 관리한다. 우리나라도 휴면계좌의 경우 은행의 수입이 아닌, 국고나 자치단체 금고 수입으로 잡아 그 수입금은 별도로 지정한 공공목적에 쓰는 방안을 검토해 볼 일이다.

7) 외국 기업 및 투자 유치

미주리 주의 경우, 외국 기업체가 106개나 된다. 그 가운데 일본 업체가 42개 업체가 있다고 했다. 여기서 말하는 업체란 생산 제조업체를 말한다. 투자 유치는 신규 투자와 증자 투자의 두 가지 경우를 생각할 수 있는데, 증자 투자 유치에는 특별 프로그램이 있다. 즉, 소기업이 증자 투자를 유치한 경우, 그 투자액에 대해 30퍼센트의 세금 감면 혜택을 주는 프로그램이다(Tax Credit Program). 여기서 소규모 업체란 연방 단위에서는 고용원 5백 명 이하, 주 단위(MO)에서는 50명 이하의 고용 업체를 말한다. 한편 소규모 사업을 시작할 내·외국인 사업자를 위해 800번 전화(수화자 부담 전화, 우리나라의 080 전화번호에 해당)로 사업에 필요한 면허, 사업 신청 기관, 자금 확보 요령, 세금 등의 안내를 전담하는 창구를 두고 있다(경제개발성). 이들은 대학과 협조하여 신기술 도입 지원도 한다.

미국 각 주에서는 외국 기업이나 투자를 유치하고자 경쟁적으로 각종 인센티브를 제공한다. 가령 공장을 세우게 되면 저리의 융자 지원, 세제 혜택, 기술 지원 및 사업 선정과 입지 선정에 도움을 줄 프로젝트 매니저를 포함한 전문가들로 팀을 구성해 돕기도 한다. 미국이 해외 투자(공장) 유치를 위해 얼마나 노력하고 있는지는 1992년에 사우스 캐롤라이나 주(SC)가 독일 BMW사의 자동차 공장 유치를 위해 4억 달러 규모의 인센티브를 베푼 예에서 알 수 있다.

- 사우스 캐롤라이나 주는 9백 에이커(약 110만 2천 평) 상당의 공장부지 구입비 3천 7백만 달러를 지원하고, BMW는 연간 1달러의 형식적인 임차료만 지불
- 공장 부지 정지 작업 및 상하수도, 도로 등 시설 개선비로 약 2천 3백만 달러 무상 공여

　－ 공항시설 확장을 위한 4천 5백만 달러 규모의 주 정부
　　지원(연방 정부 지원금 충당)
　－ 장차 20년에 걸쳐 7천 1백만 달러 규모의 주 정부 및
　　지방자치단체 세금 공제(이상 KOTRA 자료)

　이처럼 세계 각국이 외국의 투자와 기업을 유치하려고 경쟁적으로 온갖 노력을 다하고 있다. 우리나라 지방 행정기관도 그런 방향으로 눈을 뜨고 있다. 그러나 우리도 이런저런 인센티브를 개발해서 외국 기업이나 투자를 유치하려고 노력해야 한다. 그저 손짓만 해서는 곤란하다.

8) 해외 수출 지원

　미국의 해외 투자 유치나 수출 증진 업무는 무역 담당 부서의 직원들이 세계를 몇 개 권역으로 나누어 지역 담당제로 추진하고 있다. 캔자스 주 상무성 무역과에서는 수출 진흥을 위해 유럽 담당, 아시아 담당, 라틴 아메리카 담당, 아프리카 및 중동 담당, 러시아 담당으로 나누어 직원 1명씩 전담하고 있다. 투자 유치도 아시아 투자 유치 담당, 유럽·캐나다 투자 유치 담당으로 분담하는데, 그 밖의 권역은 투자 유치 관심권 밖이라는 애기가 된다.

　이들은 수출 개척을 요청해 오는 업체에 대해 해외 계약 사무실 3개소와 연결시켜 주기도 한다. 해외 사무실은 벨기에

사무실을 통해 유럽 전역을 상대하고, 시드니 사무실과 도쿄 사무실을 활용한다. 캔자스 주 안에도 무역 부서의 지역 사무실을 두고 지역 업체들을 돕는다. 캔자스 주에서 제일 큰 도시인 위치타Wichita 시의 지역 사무실에는 2명의 직원이 상주한다. 이들은 각국에서 열리는 각종 무역 전시회에 많은 업체가 참여하도록 독려하는 일에 역점을 둔다. 이들은 무역 전시회 지원 프로그램Trade Show Assistance (Grant) Program으로 참가 업체에 대해서는 회사 능력과 상관없이 3천 5백 달러씩 무상으로 지원한다고 했다. 주 정부에서는 이 프로그램을 위해 매년 25만 달러 정도의 예산을 확보하고 있었다. 이들은 주 정부에서 전시장을 먼저 분양받은 다음 희망 업체에 나누어 입주시키는 방법으로 무역 전시회에 참가한다. 연방 정부에서는 각국의 시장 정보를 시디롬(CD-ROM)으로 배부해 주고 있었다. 미주리 주는 1997년 당시 9개국에 해외 사무실을 가지고 있었는데, 그 가운데 우리나라를 포함한 5개국에는 주 사무실, 4개국에는 계약 사무실을 갖고 있었다(2010년 현재에는 한국에서도 계약 사무실로 전환 운영).

9) 가스 안전 등

(1) 가스 안전 및 민원인 위주의 민원 부서

가스 안전에 관해서는 각 주 모두 연방 규정Pipeline Safety

Regulation을 따르도록 되어 있다. 가스 안전요원으로는 가스 안전기사a Pipe Safety Engineer(Inspector)제가 있는데 해당 훈련기관(Oklahoma Training Center)에서 약 7주 간의 훈련을 받아야 한다. 연방 정부에서는 해마다 주 단위로 가스 안전요원에 대해 1주 과정의 순회교육(Pipeline Safety School)을 연다. 연방 정부의 주관청은 연방 교통부 산하 '연구 조사특별사업단the Research & Special Project Administration' 소속의 '관로 안전청the Office of Pipeline Safety'이라 한다.

주 단위에서는 우리의 한국가스안전공사와 비슷한 공공 서비스공사(Corporation Commission, KS/ Public Service Commission, MO)가 있다. 이 기관은 석유 및 가스의 생산 허가, 이와 관련한 각종 권리나 환경 및 자원의 보호, 전기·가스의 안전, 전화 서비스와 각종 사용료율을 통제하는 업무를 맡고 있다. 특이한 것은 이 기관(KS)은 지하의 각종 관로와 전선 등 선로의 매설을 표시한 지하지도Underground Map를 가지고 있다. 그리고 각종 파이프나 케이블, 전선 등의 선로는 미국건설공사협회American Public Works Association에서 작성한 공업 표준서Industrial Standards에 따라 각기 다른 색(예: 가스 관로는 노란색 등의 실물 색상)으로 구분되어 있다.

그런데 이 기구에 특별한 부서가 하나 있다. 미주리 주의 경우인데, 공공서비스공사Public Service Commission의 민원실에 해당하는 'Office of Public Counsel'이라는 부서이다. 여기서는 자기 기관의 이익이나 입장은 전혀 고려하지 않고, 민원인(고객) 입장에서만 민원 사안을 검토하게 되어 있다.

미국(KS)에서는 가령 어느 주민이 주택을 지으려 하는데 지하에 매설된 각종 선로와 관로를 옮겨야 한다고 할 때, 전기·가스·전화 등 각 소관 회사마다 이설 신청할 필요 없이 한 통의 전화, 그것도 수신자 부담 전화로 합동 서비스를 신청하면 그 시점으로부터 2근무일 이내에 아무 비용 부담 없이 모든 선로와 관로가 바로 이설된다. 이 제도를 'One Call System'이라 한다. 이런 신고를 받은 해당 업체에서는 관련 업체와 서로 연락을 취하고 소관 회사가 경비를 부담하여 이설해 준다.

(2) One·Call System

'One Call System'은 비영리의 전국적 사설 서비스 기구로, 본부는 메릴랜드에 있는 비영리 법인인 'One Call Concept'이다. 이 기구는 각 주에 지역 본부를 두고 있는데, 캔자스 주의 경우에는 위치타Wichita 시에 비영리 법인으로 '캔자스 원 콜 법인Kansas One Call Incorporated(KOCI)'이 지역 본부 노릇을 한다. 이 법인은 전화, 케이블 TV, 전기, 가스, 파이프 제작 등의 회사와 각 도시를 회원으로 두고 있고, 11개 업체의 대표로 이루어진 임원진에 의해 운영된다. 이들의 임기는 1년이고 운영 예산은 회비(연 25달러)와 기타 수입금(접수하는 전화 건당 1달러씩 회비 외에 추가 납부)으로 운영한다. 전화번호는 수신자 부담 번호인 800번을 사용해 민원인은 비용 부담 없이 지하의 각종 선로 관로를 곧바로 이설할 수 있다. 전화번호는 '1-800-dig-safe(344-7233)'이다.

10) 연금 관리

연금 관리 측면에서는 다음의 두 가지 원칙이 있는데, 우리에게 교훈을 준다. 첫째, 연금 기금으로는 사업 경영을 할 수 없도록 되어 있는 점이다. 공기업은 거의 예외 없이 적자 상황이 되는 것을 터득한 규정으로 보였다. 캔자스 주도 미주리 주도 그 점에서는 공통이다. 둘째, 연금 기금은 자의적인 또는 유명무실한 심의 기구를 거치는 것이 아니라, 실력 있는 법정 위원회에 의해 운영된다는 점이다. 미주리 주 연금관리청Missouri State Employees Retirement System의 경우를 예로 들면, 이들의 연금 관리는 11명으로 이루어진 연금신탁위원회 Retirement System Board of Trustee에 의해 운영된다. 위원은 당연직 2명(주 재무관, 행정처 장관)과 임명직 9명으로 되어 있다. 1997년 당시 9명의 임명직은 다음과 같이 구성되어 있었다.

- 주 상원 의원 2명(상원 부의장이 임명)
- 주 하원 의원 2명(하원 의장이 임명)
- 주지사가 임명한 임명직 2명(세무성 장관, 지사 비서실장)
- 주 공무원이 선정한 공무원 대표 2명
- 퇴직한 주 정부 공무원이 뽑은 대표 1명

　퇴직 공무원 대표와 현직 공무원 대표를 임원으로 포함시킨 것이 용의주도하다. 이들의 임기는 4년으로 연임 제한은 없다. 의장은 임원들의 투표로 선출하며 임기는 1년이다. 이 위원회는 4개 분과위로 나뉘는데, 의장이 위원들의 분과위 소속을 지정한다. 분과위는 운영, 투자, 투자 감독Investment Oversight, 연금분과위원회Benefit Committee로 나뉘어 있다. 정기 회의는 연 4회 열게 되어 있으나, 실제로는 격월로 회의를 갖는다. 이 연금 기구는 정규 정부 기관이고, 연금관리청장Executive Director은 위원회에서 임명하며 임기의 제한이 없다.

　이 연금관리청의 회원 대상은 주 공무원과 주립대학 직원으로, 그 가운데서도 미주리 대학교University of Missouri와 교통성 직원은 별도의 연금 체계를 갖고 있다. 시·군도 독자적인 연금 기구를 운영하고 있다. 그래서 미주리 주 안에 112개의 공무원 연금 기구가 있다. 이와 달리 캔자스 주는 위치타Wichita 시를 제외한 모든 시·군이 주 연금 기구에 통합되어 있다.

　그런데 미주리 주의 일반직 공무원은 연금을 내지 않고(단, 교육공무원은 냄) 연금 재원은 전액 예산에서 지급된다. 당시 의회가 1년에 연금 재원으로 승인하는 예산 규모는 1억 4천 5백만 달러, 연간 연금 지급액은 약 1억 달러, 당시 기금 보유액은 35억 달러라고 했다. 이와 달리 캔자스 주에서는 공무원이 연금 기금을 낸다. 당시 공무원 연금 부담액은 봉급액의 4퍼센트, 고용주 부담 3.5퍼센트였다.

이들의 연금 산정 방식을 살펴보자. 미주리 주에서는 일반 공무원, 의회 의원, 법관, 선거직 등 직종에 따라 모두 다른데 일반직의 경우 정규직으로 5년 이상 근무하고 65세에 달하거나, 15년 이상 근무하고 60세에 달한 경우에 연금이 지급된다. 또한 연금을 전액 수령하지 않고 처나 자식에게 돌아갈 몫을 남길 수도 있다. 이와 달리 캔자스 주는 정규직permanent position으로, 연간 1천 시간 이상 근무직, 10년 이상 근속 경력, 나이와 근무연수를 합한 수가 85가 돼야 연금을 수령할 수 있고 그 미만인 자에게는 일시불로 퇴직금을 지급한다.

이들은 연금 기금으로 영리 목적의 어떤 후생 사업도 할 수 없으며 투자만 가능하다. 이들의 투자 범위는 세계 각국에 걸쳐 있으며 미주리 주는 우리나라에 기업, 은행 등 11개 업체에 투자하고 있었고, 캔자스 주에서는 약 13개국에 투자하며 우리나라에는 3개 업체에 130만 달러를 투자하고 있다고 했다. 이들은 일본 투자회사(Nomura Capital Management Inc.)의 자문을 받아 투자한 것이라고 했다.
미주리 주의 해외 투자 국가나 규모는 이보다 훨씬 많다.

그러면 우리나라의 제도와는 어떤 점이 다른가? ① 저들은 연금 기구를 공단화 하지 않고 정부 조직으로 두고 있고, ② 사업경영을 하지 못하게 법으로 정하고 해외 투자를 포함한 자금 증식 투자만 하는 점, ③ 의회 의원까지 포함한 실권이 있는 법정 위원회에서 운영하는 점, ④ 우리의 연금관리공단이사장에 해당하는 직책을 위원회에서 임명하는 점, ⑤ 연금 기구가 우리처럼 국가 지방 통합 운영체제가 아니라 가입·탈퇴가 회원기관의 자유의사로 결정되는 점, ⑥ 연금 기금 조성과 지급 방식이 다른 점을 들 수 있다.

유의해야 할 점은 연금 기금과 같은 공금으로 사업경영을 하는 것은 성공하기 어렵고, 따라서 사업경영은 절대로 할 수 없다는 원칙을 고수하고 있는 점이다(KS, MO). 우리의 연금 관리나 공제 기금 관리방식을 재고해 보도록 충고해 주는 대목으로 여겨진다.

연금 기구는 1년에 한 번씩 회계검사를 받는데, 검사할 공인회계사는 위원회에서 공개입찰로 결정한다. 또 3년에 한 번은 주 감사관실로부터 감사를 받는다(MO). 연금 기금의 적자 운영이나 부실 관리가 원천봉쇄 되어 있는 체제다.

11) 지역 개발

미주리 주에서는 농촌 경제개발 사업Rural Economic Development을 추진한다. 인구 1만 5천 명 이상의 지역(community)을 상대로 해마다 일곱 군데를 선정하여 주로 수도水道·도로 등의 개발 사업을 추진하는데, 지원 규모는 5~6만 달러로 재원의 50퍼센트는 주 자금, 50퍼센트는 해당 자치단체 자금이다. 사업 규모는 2년차 사업으로 끝날 수 있는 사업을 선정해 추진한다. 또 인구 5만 명 이하의 지역의 하수도·상수도·가로등 개선 사업을 추진하는데, 재원은 연방 정부 자금으로 규모는 연 3천만 달러 정도이다. 개발 대상지는 심사위원회를 구성하여 심사·선정한다.

12) 내무·총무 분야

(1) 물품 구입

미국의 주 정부에서는 각종 사무장비의 정수 제한이나 사용 연한과 같은 제한을 두지 않고 있다. 각종 사무용 가구는 형무소에서 만든 제품을 쓰도록 되어 있고, 물품을 구입할 때 3천 달러 이하는 과 단위에서 재량 구입, 3천~2만 5천 달러는 전화로 간이입찰, 즉 전화로 3개 업체에 가격을 물어 유리한 납품업체를 선정한다. 2만 5천 달러 이상은 정식 절차에 따라 공개입찰을 한다.

(2) 관용차 이용 체계

관용차를 이용하고자 할 때, 차량계에 행선지 운행 신청을 하면 차량열쇠와 운행전표를 준다. 운행이 끝난 뒤에는 운행 전표와 차 열쇠를 주차장 안에 우체통처럼 생긴 열쇠 반환통에 넣으면 된다. 운행전표에는 주행거리와 시간을 기록한다.

그러니 기사는 따로 없고 직원들이 직접 운전한다. 중요한 규칙은 차량계에 신청한(사인한) 직원만이 차를 운전해야 한다는 점이다. 그래서 함께 출장을 가도 교대로 운전을 하지 않는다. 다른 직원에게 운전대를 넘기지 않는 것을 철칙으로 지킨다. 업무용 관용차량은 대개 우리의 구형 아반떼처럼 생긴 소형차가 많다(KS).

(3) 관용차량 정비창 운영 사례

미주리 주에는 행정처 총무과 소속으로 관용차량 정비창이 있다. 정규 직원은 5명이고 형무소 재소자 8명과 기술 전문학교(초급대학) 학생 2명이 1년 동안 인턴으로 일한다. 재소자는 모범수 가운데 희망자를 6개월 내지 2년 동안 형무소로부터 수송해 출퇴근시키며, 당시 임금은 1인 일당 10달러씩 계좌입금 해 주었다. 학생 인턴의 경우 첫 6개월은 시간당 5달러, 후반 6개월은 시간당 6달러씩 지급했고, 실습을 모두 마치면 5백 달러의 보너스를 지급했다. 이들은 신분을 구분할 수 있도록 작업복이 각기 다르다.

예산 절감을 위해 관용차 자체 정비창을 운영하면서 수감자와 실습 학생을 활용하며 인건비도 절감하고, 재소자의 직업훈련과 학생의 실습을 돕는 일석삼조의 효과를 거두는 이들의 지혜에 감탄하지 않을 수 없다.

차량의 부품을 구입하는 방법은 3천 달러까지는 차량정비창 주임(소장)이 구입하고, 3천 달러에서 2만 달러까지는 전화로 3개소에 연락해 가장 유리한 납품업체를 정하는 간이입찰 방법으로 구입한다. 2만 달러 이상은 구매과를 통해 정식으로 공개·경쟁입찰한다. 폐차는 소관 부서에서 매각 처분하며 2년마다 감사를 받는다. 주 경찰청Highway Patrol과 교통성에는 정비창이 따로 있다.

(4) 주 정부 인쇄소

주 정부 인쇄소는 그야말로 상상을 초월하는 규모이다. 필자는 국내 최대 인쇄업체의 규모를 익히 알고 있다. 한때 국내에서 가장 크다는 인쇄소 두어 곳을 공무상 밤낮을 가리지 않고 드나들며 작업을 한 적이 있었기 때문이다. 그러나 캔자스 주 정부 인쇄소는 그때 큰 시설이라고 느꼈던 국내의 인쇄소보다 훨씬 더 큰 시설이었다. 미주리 주 행정처의 인쇄소는 그리 큰 편은 아니나 직원 57명이 일하는 인쇄소 본소와 4개의 지소(각 청사 별로 분산 설치)에 모두 70명이 일하고 있고, 하원 인쇄소(10명)와 상원 인쇄소(6명)는 따로 있었다. 인쇄 시설도 최첨단이어서 어떤 고급 인쇄물도 외부 발주 없이 자체 인쇄한다. 이들은 직원들의 명함도 부처별로 각 부처의 문양을 넣어 인쇄해 준다. 그러니 명함 자체로 신분 증명 효과도 갖는다. 인쇄 부서에는 상장賞狀 문안을 포함해 각종 양식과 문양을 만드는 양식 전담 부서가 따로 있고, 컴퓨터 그래픽 부서도 따로 있다.

이들이 쓰는 용지는 인쇄물에 따라 다르나, 사무실의 공문

용지는 주로 20파운드 A4 용지를 쓴다(MO). 그리고 사무실에서는 이면지를 철저히 활용한다. 이들은 서류 봉투도 한 번만 쓰지 않고 여러 번 되돌려 쓴다. 요령은 서류 봉투의 겉면에 주소란을 여러 칸으로 만들어 인쇄해, 서류를 받으면 수신된 주소는 아무렇게나 지우고 다음 칸에 새로 송부할 주소를 써서 보내는 식이다.

한 번은 이런 일이 있었다. 캔자스 주에 도착한지 얼마 되지 않아 주지사를 처음 만났을 때, 공보실에서 주지사와 필자가 함께하는 사진을 몇 장 찍었는데, 그 사진을 주지사실에서 필자에게 보내주었다. 그런데 그 사진을 넣어 보낸 봉투가 아무렇게나 글씨를 막 지운 그런 봉투였다. 놀랍고도 몹시 당황스럽고 불쾌했다. 미국 사람들은 이렇게 무례한 사람들인가 싶어 크게 실망했다.

그런데 알고 보니 그들은 행정 봉투를 한 번만 쓰지 않고, 받으면 자기 이름을 지우고 다시 또 쓰고 하는 것이었다. 봉투 한 장도 그런 식으로 30회 이상 쓸 수 있게 되어 있다. 나중에 이런 사정을 알고 나니 미국인들을 크게 오해했던 내 자신이 아주 부끄러웠다. 나의 무지로 괜한 갈등을 일으킨 것이 지금도 씁쓸하게 생각된다. 우리도 관급 물자를 그러한 방법으로 아껴 쓰면 좋겠다.

(5) 각종 위험 보험 관리

주 정부 행정처 총무과에는 위험 보험 관리(Risk Management)

기능이 따로 있다. 주요 업무는 공상 보상, 구매물자 보험, 위험 시설 배상 청구Dangerous Property Claim(외부인이 건물 내부에서 다쳤을 때 배상 청구) 처리 등 각종 보상과 배상 업무를 다루며 그 예방 업무도 다룬다. 특이한 것은 직장 의료보험을 포함해 각종 사고에 대비한 여러 종류의 보험에 가입하는데, 보험회사도 공개입찰로 결정한다. 이들이 가입하는 보험에는 업무용 비행기 사고에 대비한 비행기 보험에서부터 직원의 공금 착복 사고에 대비해 보상을 받을 수 있는 'Faithful Performance Bond'라는 것도 있다. 이 보험은 최고 50만 달러까지 보상을 받을 수 있는 상품이라 한다.

(6) 주립 도서관 운영

주마다 주립 도서관의 운영이 활발하다. 주립 도서관은 주 정부 본 청사Capitol 또는 그 구역 안에 설치되어 있다. 더욱이 참고실Reference Div. 기능은 배울점이 많다고 느꼈다. 어떠한 자료도 참고실에 문의하면 아주 신속히 알려준다. 도서 대여 기능도 활발해 자기 주에 없는 자료는 전국 다른 주의 도서관과 연락해 빌려준다. 귀중 자료는 대여하지 않고 책 한 권을 몽땅 복사해 준다. 저들은 복사기가 좋아 책 한 권도 금방 복사가 된다. 도서관에서는 주요 신문기사도 스크랩하여 마이크로 필름화하는 자료 생산 기능도 끊임없이 수행한다. 정기적으로 개정판이 나오는 간행물의 구판은 필요한 단체에 기증하거나(MO), 개인이라도 그런 간행물이 필요하다고 등록

하면 도서관에서 신간서와 교체할 때 무상으로 얻을 수 있다 (KS). 주 정부 안에서는 자료 열람과 반환이 아주 편리하다. 전화로 필요한 책자를 신청하면 청내 우편(체송편)으로 전달되고 반환된다.

특이한 점은 우리 같으면 주립 도서관을 거의 틀림없이 사업소로 설치했을 터인데, 미국은 본청 기구로 법제사무처 소속이라는 점이다. 위치도 주 본청사(KS)나 본청 구내(MO)에 자리하고 있다. 그만큼 비중을 둔다는 얘기다. 더욱이 놀라운 것은 온갖 분야의 자료가 모두 도서로 개발되어 있다는 점이다. 우리가 잘 찾지 못하는 경우는 있을지 몰라도 일단 필요하리라고 생각할 수 있는, 적어도 분석되고 수집될 수 있는 자료는 모두 책자로 발간되어 있는 것 같았다. 놀랍게도 우리나라의 사정이 상세히 조사된 자료도 적지 않은 것 같았다. 어쨌든 우리도 시·도의 자료실을 시·도 안에서 가장 권위 있는 시·도립 도서관으로 키워 나가면 좋지 않을까?

(7) 유급 휴가Paid Leave

미주리 주의 경우, 유급 휴가에는 연가Annual Leave, 상조휴가Bereavement Leave, 병가Sick Leave와 기타 공인 휴가Excused Other(EO)의 네 종류가 있다.

- 연가: 10년 미만 근무 월 10시간, 10~15년 근무 월 12시간, 15년 이상 근무 월 14시간

- 상조휴가: 5일까지 가능
- 병가: 월 10시간
- 기타 공인 휴가(EO): 연 15일(군사 소집 등 허가된 휴가)

이상에서 보는 바와 같이 미국의 근무 개념은 적어도 시간 개념이나 분 개념이다. 가령 월 12시간의 휴가는 2개월마다 3일 휴가인 꼴이다. 정식 유급 휴가 말고도 보상 휴가comp time off라는 것이 있다. 이것은 초과근무 시간을 합하여 유급 휴가 시간으로 환산해 주는 보상적 성격compensation time의 휴가다. 이들의 출근 상황은 주간 단위로 '근무 및 휴가상황보고서Official Time & Leave Report'라는 용지에 개별로 직원들이 사인해 제출한다. 그리고 근무 상황 확인 담당자는 이 근무 상황 표를 철저히 따진다. 아무런 허가 없는 무단결근은 'dock'라고 한다. 이들은 실제 철저한 시간 개념으로 밀도 있게 근무한다. 캔자스 주나 미주리 주에서도 똑같이 그러하다.

13) 관광 분야

미국 각 주의 경계에는 꼭 여행자 안내소Welcome Center가 있다. 이곳에서는 각종 여행 및 관광 안내 팸플릿과 지도 등을 갖추어 놓고 여행객들에게 관광 안내를 하며, 숙박업소 안내와 예약도 해준다. 여행자들에게 커피나 주스도 무료로 제공한다. 중요한 것은 숙박업소를 안내해 주는 체제다. 여러 부류의 숙박업소 가운데 여행자들이 자신의 형편에 맞는 숙박업소를 골라 예약 서비스까지 받을 수 있다. 이 안내소를 통해 모텔이나 호텔을 예약하면, 성수기에도 바가지 쓰지 않고 오히려 할인된 값으로 방을 구할 수 있다. 이 안내소에서 예약하면 현장보다 더 유리한 요금으로 숙박이 가능하다. 안내소에 따라서는 안내소 컴퓨터에 관내 숙박업소의 빈방 상태까지 알 수 있는 시스템을 갖춘 곳도 있다. 우리도 관광 진흥을 하려면 이런 숙박업소 안내 예약 서비스 시스템 구축이 가장 시급하다. 이런 초보적인 관광 서비스 개발도 없이, 더군다나 외국 관광객을 유치하려 하는 것은 일의 순서가 뒤바뀐 격이다. 외국인은 으레 고급 숙박업소만 이용하리라고 상정하는 것도 큰 오해이다. 하루빨리 이런 실질적인 여행자 안내 기능의 틀을 잡아 나아가야 한다.

한편, 안내소를 운영하는 요령도 배울 점으로 보였다. 안내소의 안내 담당 1일 근무 인력은 대개 3~4명에서 많은 곳은 7~8명이나 되지만, 정규 직원은 1명 정도이고 그 밖에는 모두 자원 봉사자들이다. 거의 나이든 여자들이 많다. 자원 봉사자도 같은 사람이 늘 근무하는 것이 아니라 돌아가며 근무하므로, 한 사람이 주 1~2회 봉사하게 되어 봉사자를 구하기도 쉬울 것 같았다.

그런데 한 가지 특이한 것은, 이들은 이른바 바가지 요금이라는 것에 대한 관념이 달라 보였다. 성수기나 휴일의 휴양지 숙박요금이 평소보다 비싼 것을 당연하게 여기는 것 같다. 대학의 동문들이 개교기념일에 모교를 방문하는 때Home Coming

Day에도 학교 소재지와 주변 도시의 숙박요금이 거의 배 이상 올랐지만 당연시한다. 탄력 요금제 내지 수요와 공급의 불균형 사정에서 오는 당연한 시장원리로 인정하고 받아들이는 것 같았다. 이들은 많이 받은 요금은 그대로 세금에 반영되기 때문에, 특별히 규제할 이유도 없을 것이다. 모든 상거래 행위에 근본적으로 세금의 누수가 없도록 제도적으로 잘 장치된 사회이어서 우리가 생각하는 그런 바가지요금이라는 개념 자체가 이들에게는 없는 것 같았다.

관광개발 기본계획이나 시책 수립도 다른 모든 업무가 그러하듯 해당 위원회에서 다룬다. 미주리 주의 관광위원회는 10명으로 이루어져 있는데 임기는 4년제의 시차임기다. 10명 가운데 5명은 주지사가 임명하되 동일 정당 소속자가 3명을 넘지 못하며, 상원 부의장과 하원 의장이 지명한 상·하원 의원 각 2명, 그리고 부지사 이렇게 10명이다. 의장은 위원회에서 선출하나 1997년 당시에는 부지사가 의장이었다. 이런 위원회에서 관광개발 기본 정책이나 계획을 수립하기 때문에 주지사나 담당 장관이 바뀌어도 업무의 연속성이 보장된다. 바로 이런 점이 우리가 배워야 할 실질적인 위원회 제도인 것이다.

이들이 관광개발과 관련해 우리나라와 달리 역점을 두는 분야는, 영화 및 영상 사업 유치이다. 이 점은 미주리 주나 캔자스 주가 공통이다. 영화사에 영화 촬영 유치 활동을 하며 경관지나 사적지를 촬영한 사진이나 필름을 영화사에 제공해 주기도 한다. 그것은 자기 주가 배경이 되어 영화가 제작되면 그 자체로 관광 유인효과가 있다는 생각에서 그렇게 하는 것이다. 이들은 비디오 영화와 각종 영상자료를 만들어 배경 선정 자료용으로 영화사에 보급하기도 한다. 그리고 외국 관광객 유치, 대규모 상설 할인매장Outlet, 옛길의 관광 코스화, 카지노 사업도 역점을 두고 있는 분야다. 강 위의 수상 카지노장도 있다. 카지노의 경우 1인당 1회 입장할 때마다 얼마의 액수까지만 놀이를 하도록 제한하는 제도를 갖고 있기도 하다(MO).

14) 가로수 시비施肥

거리의 가로수나 공원의 조경수에 주는 거름은 가지치기[전지剪枝]한 나무를 분쇄한 것을 쓴다. 한편에서는 가지치기하고, 한편으로는 그 가지를 분쇄한다. 분쇄기에 자른 가지를 넣으면 톱밥처럼 가루가 되는 것이 아니고 굵게 성근 목편chip이 된다. 분쇄한 나무는 약물 처리하는 것 같았다. 이 나무 부스러기는 적당한 습도 유지에도 도움이 될 것으로 보였다. 이 나무 부스러기로 가로수나 정원수, 공원수와 모든 화단의 나무에 거름으로 주는데, 아무리 바람이 불어도 날아가지 않는다.

2. 특이한 기능을 가진 기구들

1) 주 정부 자체의 별도 보험 기구

미주리 주에는 시·군 단위 각 공공기관 관용 차량의 보험 처리 등 자체 보험 기능을 가진 기구가 있다. 차량뿐만 아니라 공무 수행 중 시민에게 피해를 준 경우나, 회원으로 가입한 공공기관이 재산피해를 당한 경우 등에 대비한 보험 기구(미주리 주 공공기관 보험관리청: Missouri Public Entity Risk Managemen, MOPERM)이다. 이 기구가 회원기관으로부터 회비 겸 보험료(Contribution)를 받아 보험 기능을 수행하며, 회계연도 말에 무사고 분에 대해서는 정산하여 환급해 준다 (No-Claim Bonus). 사고가 있건 없건 무조건 일반 보험회사에 각종 보험료(Premium-일반 보험료는 그렇게 부름)로 공공예산이 지출돼 나가는 것을 막고, 무사고로 보험금이 요구되지 않은 만큼은 반환받을 수 있어 예산 절약을 위해서도 매우 바람직한 기구이다. 1986년에 설립된 이 기구의 의사결정 기관은

6명으로 이루어진 위원회Board of Trustees of MOPERM이다. 이 위원회는 검찰총장, 행정처 장관과 회원기관 공무원 가운데 주지사가 임명한 4명으로 이루어져 있으며 의장은 회원들이 선출한다. 1997년 당시 의장직은 콜 군의 과장급 선출직인 세금징수관이 맡고 있었다. 이들 위원회는 일 년에 4회 회합한다. 이 경우 군 공무원이 의장직을 맡는 것도 이채롭다.

보험료 산정 방식은 다음과 같다. 공공기관의 일반 과오나 태만 사고에 대한 보험료는, 그 기관의 모든 지출경비 1백 달러당 시는 11센트, 군은 0.91센트이다. 경찰을 포함한 사법경찰 관리에 의한 사고를 대비한 보험료의 산정은, 경찰관 정규직 1인당 시는 연간 535달러, 군은 855달러씩이고, 일반 각종 사고에 대한 책임 보험은General Liability 모든 세출 경비 1백 달러당 시는 69센트, 군은 64센트, 의료 과실에 대한 보험료는 환자 1백 명당 26달러 등의 방법으로 산정한다. 이렇게 산정한 보험료를 받은 MOPERM은 1997년 다시 연간 10만 달러의 보험료를 내는 재보험에 가입하고 있었다. 재보험 가입으로 5백만 달러까지는 MOPERM에서(deductable), 이를 초과하는 보험분은 재보험 회사에서 부담한다. 시·군이나 각 공공기관에서 MOPERM에 가입할지는 자유이다. MOPERM은 일 년에 한 번 회계감사를 받는데, 회계감사는 위원회에서 공개입찰로 회계법인을 정하여 용역을 준다. 이때 낙찰된 회계법인은 1회 3년 동안 용역계약을 하며, 2회까지는 연속계약이 가능하나, 그 이상은 연속 계약할 수 없다. 이 기구의 설립 초기에는 일반 보험회사들의 많은 반발이 있었으나, 이를 무릅쓰고 법제화된 것이라 했다.

이들이 보험 처리하는 절차와 과정은 이렇다.

- 회원기관이 청구서Claim Note를 MOPERM에 제출
- MOPERM은 General Adjustment Bureau(GAB)에 조사의뢰
- GAB이 사고 조사 보고서를 MOPERM에 제출하면 보험금 지불

단, 5만 달러까지는 보험관리청장이 결정하고 그 이상은 위원회의 결재를 받아 시행한다. GAB은 연 25만 달러를 받고 사고 조사업무를 맡고 있는 사설 기관이다.

2) 신기술 개발 지원 및 벤처기업 등 육성 기구

캔자스 주의 기술산업공사Kansas Technology Enterprise Corporation(KTEC)가 그 예가 된다. 이 기구는 기술혁신과 창업 지원, 기술 산업의 확충과 발전을 장려하고자 설립된 기구이다. 활동 내용은 산업체의 기술혁신과 투자 가치가 있는 신기술의 개발을 촉진하고, 대학의 연구능력 함양을 위한 연구 경쟁력 강화와 산업체의 기술개발 단계별 투자의욕을 고취할 수 있는 총체적 재정 지원망Financial Network을 구축해 나가는 활

동을 한다. 이러한 활동의 재원은 주로 기업체의 헌금에 의존한다. 이 경우 헌금 업체는 면세 혜택을 받는다.

이 기구는 공공 분야와 사기업 분야를 대표하는 20명의 임원진에 의해 운영되며, 이들의 중점 지원 대상은 벤처기업과 직원 수 5백 명 이하의 소규모 업체, 그리고 대학의 연구센터이다. 이들의 지원 예를 보면, 어느 기업이 특정 분야나 기계 계통을 개선하기 위한 신기술이 필요한 경우, 대학의 연구센터 등 연구기관에 연구를 의뢰하는데, 연구비의 40퍼센트는 이 기구에서, 60퍼센트는 기술개발을 의뢰한 기업에서 부담한다. 이때 부담한 만큼은 세금 혜택을 받는다.

신기술의 개발로 기업이 나중에 이득을 보게 되면, 그 기업은 KTEC로부터 보조받은 연구비의 40퍼센트를 의무적으로 상환해야 한다. 캔자스 주에서는 그동안 이 사업을 시행하여 괄목할 만한 실적을 거두었다 한다. 1996년 당시에도 지난 10년 동안 약 6,660개의 새로운 일자리가 창출되었고 99종의 특허를 따냈는가 하면 131개의 기업체가 신설되었다고 했다.

3) 긴급 의료봉사 위원회

긴급 의료봉사 위원회Emergency Medical Services Board(KS-EMSB)는 구급차(구급헬기 포함) 운영 허가와 구급차 근무 요원에 대한 훈련을 담당하는 기구이다. 미국에서는 구급차를 소방서에서 직접 운영하지 않고 일반 영업자가 운영한다. 그러니 누구나 구급차나 구급 헬기를 운영하려면 이 기구의 허가를 받아야 한다. 이 기구는 구급 요원에 대한 훈련과 자격증 발급 업무도 관장한다. 이들의 훈련 시간은 다음과 같다.

- 강사: 2주 80시간
- 구급 의료 요원Emergency Medical Technicians: 150시간
- 응급 처치사Paramedic: 2천 시간(초급대학 과정)
- 응급 요원First Responder: 80시간

이런 교육은 주로 초급(전문)대학에 위탁하여 교육하고, 이 기구는 자격시험을 주관하여 자격증을 발급한다. 원래 이 자격시험은 오하이오 주에 사설 법인인 전문 시험 기관이 있어 대부분의 주(35개 주)가 이 기관에 시험을 위탁 시행하고 있으나, 유독 캔자스 주만은 좀 다르게 운영하고 있다. 즉, 이 전문 시험기관에서 KS-EMSB의 직원 1명을 자격시험 관리자로 지정을 해 캔자스 주에서만 그가 시험을 직접 주관한다.

KS-EMSB는 13명으로 이루어진 위원회에 의해 운영되는데, 위원회가 실무 전문가 중심인 것이 눈길을 끈다. 그 가운데 9명은 주지사가, 4명은 의회에서 임명하며 이들의 임기는 4년이다.

주지사가 임명한 9명은 다음과 같다.

- 캔자스 의학회Kansas Medical Society 대표 1명
- 구급차 관련 과세 객체가 있는 군의 군수 2명으로, 그 가
  운데 1명은 인구 1만 5천 명 이하의 군의 군수여야 함.
- 훈련 강사 관리 담당자an Instructor-Coordinator 1명
- 병원관리자a Hospital Administrator 1명
- 구급 업무를 하고 있는 소방파출소 직원 1명
- 실제로 구급차에서 구급 활동을 하는 자 3명

의회가 임명하는 4명은 다음과 같다.

- 상원 의원 2명(상원 의장 임명자 1, 상원 소수당 리더 임명
  자 1)
- 하원 의원 2명(하원 의장 임명자 1, 소수당 리더 임명자 1)

EMSB(직원 13명으로 구성)의 처장은 위원회에서 임명한다.

3. 그 밖의 제도들

지금까지 보아 온 여러 가지 제도나 시책 말고도 우리나라에 도입할 가치가 있다고 판단되는 다른 몇 가지 제도들을 살펴본다.

1) 병원 시설 전문 경영업 개발

우리나라의 개인 병원은 의사마다 병원시설을 가지고 개업을 한다. 그런데 미국은 다르다. 미국의 큰 병원 건물은 이를테면 환자 호텔이나 마찬가지다. 병원 시설에 의료장비를 갖추고 간호사를 고용하고 있는 시설주가 따로 있고, 의사들은 이 병원 건물과 떨어진 곳에 자기 사무실(클리닉)만 가지고 있으며, 자기 환자를 그 병원 시설에 보내 입원시키고 찾아가 진료하는 식이다. 그러니 병원 시설주는 자기 시설을 단골로 이용하는 각 진료 과목별 전문 의사들을 고객으로 두고 있는 셈이다. 의사들은 이런 병원 시설을 보통 2개소 또는 그 이상 이용하기도 한다.

이런 제도 덕분에 의사는 병원 개업을 위한 자금 걱정을 할 필요가 없다. 의사마다 의료 시설과 장비를 마련해야 하는 개인적 재정 부담 없이 안정적인 의료 활동을 할 수 있고, 병원 시설의 전문 경영업 개발로 양질의 평준화된 고급 의료시설을 확보할 수 있어 총체적으로 사회 경제적 이익을 도모할 수 있는 미국의 앞선 제도가 부러웠다.

2) 긴급전화 신고 체제의 단일화

우리나라의 긴급 전화번호는 화재 신고 119, 범죄 신고 112, 안보 상담 111, 간첩 신고 113 등 이렇게 여러 가지 번호로 나누어져 있어 헷갈리고 번거로운 면이 있는데, 긴급 신고 전화번호를 하나로 통일하면 어떨까?

미국에서는 911로 통일되어 있다. 911은 소방서와 아무 관계없는 독립된 조직인 긴급전화 신고센터the Emergency Communication Center가 관장하는 전화번호다. 이 센터는 시 지역과 군 지역까지 관할한다. 미주리 주 제퍼슨 시의 경우, 시 경찰서에 13명의 직원으로 이루어진 센터가 설치되어 있다. 군청에서는 이 센터 연간 운영비의 30퍼센트에 해당하는 약 18만 달러를 부담한다고 했다. 13명의 직원 가운데 1명은 경찰(경위, Captain)로 그가 직원을 통솔하며 다른 직원은 시청 소속의 일반직이다. 이들이 2인 1조로 하루 10시간 근무 교대 체제로 운영한다. 이들이 긴급 신고를 접수하면 소방서나 경찰서 등 해당기관에 연락해 주는 체제로 운영한다.

이 센터의 업무를 조정하기 위해 7명으로 구성된 합동 신고 위원회Joint Communication Operations Committee가 있다. 시 소방과, 시 경찰서, 군 경찰서, 시 의원, 군수 대표 각 1명과 2명의 의용 소방대원으로 이루어져 있다. 이들이 긴급 신고센터 운영의 의사결정 기관Governing Body인 것이다.

3) 각종 사업체의 체인화

미국에는 거의 모든 사업장이 전국적으로 계열별 체인(연쇄)화되어 있다. 호텔, 모텔, 식당, 약국, 슈퍼, 심지어 서점까지 체인화되어 있다. 그래서 만일 미국을 조감도 보듯 한눈에 내려다 볼 수 있다면, 큰 도시를 제외한 지역은 미국 전체가 마치 똑같은 고무도장을 여러 번 찍어 놓은 것처럼 느껴질 것이라 생각된다.

이 점은 낯선 여행자에게는 아주 유리하다. 어디를 가도 시설 수준이나 서비스 수준, 그리고 값까지 일정 원칙의 수준을 유지하거나 평준화되어 있기 때문이다. 미국에는 어디를 가도 같은 이름의 숙박업소, 같은 이름의 대중식당과 슈퍼가 있어 편하다. 더욱이 숙박업소는 어디를 가나 고속도로 주변에 있어 누구나 쉽게 찾을 수 있다. 게다가 전광판으로 현재 빈 방이 몇 개 있다고 표시하고 있는 곳도 있다. 필자는 몇 년 전 차로 여행을 하다가 전남 순천에서 숙박업소를 찾느라 무척 애먹은 적이 있다. 필자가 그렇게 힘들었다면 외국인은 아예 여행 엄두도 못 낼 일이다. 미국에서는 어디를 가도 그런 불편은 전혀 없다. 바로 이런 점들 때문에 미국이 우리나라보다 더 살기 편한 곳으로 느끼게 한다고 감히 말할 수 있다.

관광 입국을 전략적 시책으로 추진하려면 우리도 전국의 숙박업소를 계열별로 또는 몇 개의 등급으로 계층화해 체인화하는 문제를 진지하게 연구해 보아야 할 것이다. 그런 다음 고속도로 휴게소의 관광 안내소에서 숙박업소 예약 서비스까지 할 수 있도록 발전시켜 나아가야 할 것이다.

4) 삼림지 안의 주택 건축

미국에는 아주 조밀한 숲 속에도 집들이 드문드문 서 있다. 나무숲에 가려 외부에서는 집이 있는지 모를 정도로 숲 속에 집이 점점이 박혀 있는 꼴이다. 마을 안길이 탯줄처럼 연결된 채.

우리도 보존임지를 제외한 임야지에 좀 더 적극적으로 주거용 주택을 드문드문 지을 수 있게 하면 어떨까? 이런 주택이 숲 속에 들어서면 삼림이 훼손된다는 종래의 고정관념을

뛰어넘어, 이런 주택들이 오히려 삼림보호의 파수꾼이 되고 산불 예방을 위한 감시자가 될 수 있다는 긍정적인 측면을 더 높이 사보면 어떨까? 그렇게 되면 택지 공급이 원활히 이루어질 것이며 택지 수준도 높이는 이중 성과를 거둘 수 있지 않을까 생각해 본다. 더불어 인구 분산 효과도 노려볼 수 있을 것이다.

우리나라와 같은 국토 조건에서 필자는 '골프 관광 입국'을 국가 전략 시책으로 추진할 필요가 있다고 본다. 아무런 경제적 소산이 없는 야산들은 '숲 속 택지' 또는 골프장으로 개발하여 산지의 실질적 이용과 그 성과를 도모하는 것이 현명하다. 그리고 외국 골프 관광객을 본격적으로 유치하는 것이다. 골프장을 많이 개발할수록 더 활발히 외국인 골프 관광객 유치가 가능하다. 더욱이 우리와 같이 수려한 국토 조건에서는 더욱 그러하다. 국토 면적의 거의 70퍼센트가 산지인 나라에서 삼림보호, 환경 운운하며 산을 가만히 들여다보고만 있겠다는 것은 현명한 토지이용 정책으로 보기 어렵다. 골프장 확충 방안으로는 각 지방자치 단체로 하여금 퍼블릭 골프장을 우선 1개소씩 연차 사업으로 개발하도록 장려해 나아가는 방안을 생각해 볼 수 있다. 그리고 여건이 좋은 곳은 민자와 외자 사업으로 추진해볼 만하다. 물론 입지 선정이 무분별해 시책의 역효과만 가져올 졸책은 경계해야 된다. 신중히 입지 선정을 해 추진해 볼 일이다. 그 과정에 환경문제를 앞세운 반대도 예견되나 환경적으로 건전하고 지속개발이 가능하게 이른바 ESSD(Environmentally Sound & Sustaining Development) 개념으로 접근해 나가면 된다.

골프장 운영은 안보적으로도 일단 유사시에 쉽게 농경지로 전환이 가능한 이점이 있다. 또한 몇 년 전에 조사된 어떤 자료에 따르면 한 지역에 골프장이 들어서면 그 지역에는 지역 개발 부수 이익을 포함해 연간 약 4백억 원의 순수익 효과를 가져온다고 했다. 그러니 부정적으로만 생각할 문제가 아니다. 일단 골프장이 조성되면 비교적 편하게 외화 획득을 할 수 있는 분야이다. 즉, 원료수입 – 제조 가공 – 마케팅 – 수출의 복잡한 수고로움 없이 외화 획득이 가능하고, 골프 관광객을 또 다른 관광지로 유도하는 연계관광 유발 효과까지 갖게 할 수 있는 이점이 있어 긍정적인 면이 더 많다.

골프장 개발은 일자리 창출에도 큰 몫을 한다. 18홀을 기준으로 할 때 한 골프장에서 거의 1백 명 정도의 정규직 인력이 필요하다. 캐디나 기타 일용직 인력을 포함하면 훨씬 더 많은 인력이 필요하다. 용인의 몇 개 골프장을 직접 확인해 본 결과, 18홀 골프장에서 캐디만도 약 80~100명 정도 필요하다고 한다. 그러니 골프장 개발은 전 국토 공원화 내지 가꾸기 산업으로도, 일자리 창출 목적으로도, 지역 소득 향상을 위해서도, 그리도 국민 여가 선용을 위해서라도 아주 바람직한 사업이 된다.

골프장을 많이 개발해야 하는 또 하나의 이유는 엄청난 외화 낭비를 막기 위해서이다. 골프 협회 관계자에 따르면 우리나라 골프 외유객外遊客이 연간 약 2백만 명에 달한다고 하니 어떤 대책 강구가 시급히 요구된다.

　그 동안 골프가 우리들의 눈에 잘못 비춰진 부정적인 면들을 반성하고 고쳐 나가면, 우리나라 제일의 효자 산업으로 키워나갈 수 있다고 필자는 감히 예단한다. 점차적으로 가진 자만의 운동에서 일반 대중들도 누구나 즐길 수 있도록 여건을 만들어 나가는 일이다. 무엇보다도 가장 중요한 문제는 현행 산림 법규나 정책상의 장애점을 극복하는 것이다. 산지의 조림·육림·보호와, 산지 및 산지 자원의 이용을 담당하는 부서의 논리로 산림을 훼손하지 않는 쪽으로 일관되는 시책의 궤도에서 과감히 벗어나야 한다. 곧 산지 이용을 조장하는 임무를 맡은 부서가 산지 이용의 걸림돌이 되는 모순이 있어서는 안 된다는 얘기이다.

　미국에는 도처에 골프장이 있다. 시·군마다 직영 골프장과 회원제 골프장 등이 있는 골프 천국이다. 아주 작은 마을에도 회원제 골프장이 있는 곳이 있다. 그리고 고등학교 학생들에게도 학교에서 골프를 가르치고, 학생들이 단체로 매주 주기적으로 골프장에 나와 조편성을 해 라운딩을 한다. 미주리 주의 세인트 루이스 시 일원에는 90여 개의 골프장이 있다고 한다. 정확히 조사한 숫자가 아니고 풍문으로 접한 수이나 큰 오차는 없을 것 같다. 어쨌든 그만큼 많다는 얘기다. 우리도 많은 골프장을 갖게 되면, 더욱이 골프 관광 입국을 모토로 할 때 그 시장성 효과가 더 커진다. 바다를 낀 골프장, 계곡을

낀 골프장, 능선을 걸치는 골프장, 호수를 낀 골프장, 비탈을 휘감는 골프장 등 지형적 특색에 따라 다양한 유형으로 개발하면 국제적인 골프 관광 명소가 될 수 있다고 본다. 그리고 골프장을 많이 개발하면 전 국토 가꾸기 효과도 기대된다. 이를 위해 지금부터 뭔가 시작하려 한다면, 먼저 종래의 골프에 대한 잘못된 인식의 늪에서 빠져나오는 일부터 시작해야 되리라 본다.

5) 화약 소비의 대시장: 미국 독립 기념일

우리나라와 미국, 두 나라는 독립 기념일을 맞이하는 모습에서도 확연히 다르다. 우리는 8월 15일을 광복절 또는 해방이라고 한서린 표현을 하는데, 미국은 그냥 독립일Independence Day이라 한다. 우리는 일반적으로 정부 주도로 기념식을 여는 것이 고작이나, 저들은 동네마다 온통 축제에 들어간다. 시 외곽의 여러 지역에 3~4일 전부터 임시 텐트를 치고 각종 불꽃 화약과 축포를 판다. 동네 별로 주민들은 성조기로 재단한 것 같은 옷을 입거나 모자를 쓰고, 풍선이며 성조기를 들고 마을 행진을 하고 함께 햄버거 점심 파티를 하며 즐거워한다. 또 저녁에는 각자 음식을 장만해서 파티를 하며 축포와 불꽃놀이를 한다. 필자가 목격하고 함께 즐긴 이 풍경은 잘사는 한 동네의 풍경이긴 하지만, 대학에서도 불꽃놀이를 해서 온 시내가 훤히 비추어질 정도다. 참으로 화약 소비가 엄청나다. 작은 한 지역에서 이럴진대 전국적인 화약 소비는 그야말로 상상을 하기 어려울 것 같다. 그런데 이 화약은 전부 중국제였다. 화약의 크기도 다양해서 어린이 크레용 한 개만 한 것에서부터 10~20cm의 아이스크림만 한 것도 있었다. 참으로 화약 소비가 엄청나다. 곳곳에 천막 화약 매대賣臺를 설치해 놓았는데, 보지 않은 사람은 상상할 수 없을 정도이다. 이런 것을 보고 두 가지를 느꼈다. 하나는, 우리도 광복절을 관제 행사의 하루가 아닌 국민 모두가 신명나는 하루가 되게 하는 것은 어떨까 하는 것이다. 우리나라에는 신바람 나는 축제가 별로 없으므로 국민 사기 앙양 차원에서 신바람 나는 하루의 자축일로 유도해 나갔으면 좋을 것 같다. 또 하나는, 미국과 같은 엄청난 화약 소비 시장을 우리도 적극 공략해 보면 어떨까 하는 생각이 들었다. 참으로 탐나는 시장으로 느껴졌다.

6) 대통령과 기념 도서관

미국의 역대 대통령의 주 연고지에는 거의 예외 없이 기념 도서관이 건립되어 있다. 관례가 되어 전통으로 자리 잡은 것 같다. 아이젠하워Dwight David Eisenhower 대통령의 경우, 태어난 곳은 텍사스이나 어려서 캔자스로 이사를 와, 우리의 작은 면소재지 정도의 마을인, 애빌린Abilene이라는 곳에서 자라고 고등학교까지 다녔다. 그가 살던 집은 관광객에게 공개하고 있고, 바로 그 옆에 기념 도서관(Eisenhower Presidential Library

& Museum)이 있다. 그러니 주된 연고지에 설치하는 관례를 갖고 있는 것 같다. 이 도서관 안에는 재임 시절 외국 원수들로부터 받은 선물들이 진열되어 있었다. 우리나라의 국회의장이었던 이효상씨가 드린 선물도 진열되어 있었다. 어쨌든 대통령 출신지에 기념 도서관을 건립하는 전통은 우리도 진지하게 생각해 보아야 할 과제일 것 같다. 물론 훌륭한 대통령이 나오기를 바라면서.

7) 신문·우편배달 유예猶豫 제도

어디에선가 이미 언급했지만 미국은 정말 내나라 보다도 살기가 참으로 편한 나라라고 할 수 있는 것이 저들의 신문 우편배달 날짜 유예제가 또 하나의 예가 된다.

미국에서도 가령 휴가철 집을 며칠씩 비워야 할 경우, 신문이나 우편물이 쌓이면 빈집 표시가 나서 도난의 위험이 있다. 이럴 때 신문 보급소에 연락해 신문 배달을 며칠 동안 중단해 달라고 요청하면, 보급소에서는 그 동안의 신문을 모았다 한꺼번에 배달해 줄지, 아니면 그 동안의 신문 구독료를 빼 줄지를 묻는다. 그러면 그 두 가지 가운데 하나를 선택하면 된다. 우편물도 우체국에 가서 며칠 동안 배달 중단 신청을 하면 그대로 해준다. 양쪽 다 철저하고도 확실하게 약속을 지키고 이행한다. 필자는 귀국한 뒤 우리나라의 신문 보급소에 그런 제도가 있는지를 물어 보았다. 대강 그런 제도가 있다고는

했다. 그런데 하나도 제대로 지켜진 적이 없거나 완전 헛일일
뿐이었다. 그래서 지금은 그런 제도의 혜택을 전혀 기대하지
않고 있다. 이런 경우를 당하면 정말 미국 생활이 도리어 그
리워지기도 한다.

결 어

　지금까지 살펴본 바와 같이 미국의 정치·행정제도는 확실히 우리보다 많이 앞서 있어, 우리에게 여러 가지 배울 점을 시사하고 있다.

　지구상에 이렇게 합리적이고 앞선 제도가 있다는 사실과 그 사례事例를 알고 난 이상, 우리의 정치·행정제도도 이를 본보기로 삼아 과감히 고쳐 나아가야 한다고 생각한다. 정치와 행정은 마치 이인삼각 선수들처럼 함께 움직여야 하는 관계이기 때문이다.

　머지않아 새로운 정부가 들어서야 하는 정권 교체기를 앞두고, 이후 정치나 행정제도에서 개혁·개선되어야 할 주요 과제들을 하나씩 되짚어 보자. 그렇게 하는 이유는 앞으로 통치권이나 각급 행정권 쟁취에 도전하는 정당이나 개인들에게 좋은 정책 과제들을 귀띔해 주어 공약을 정하는 데 참고가 될 수 있도록 하기 위함이며, 결과적으로 우리나라의 선진화를 더 빨리 앞당기게 할 수 있으리라는 기대 때문이다.

국정 차원에서 분야별로 손보아야 할 몇 가지 사안들만 예시해 보면,

의회 · 정당 관련

1. 국회의원과 각급 지방의회 의원들이 임기 동안 자신들의 보수(수당·교통비 포함)를 일절 인상하지 못하도록 법제화한다.

2. 4년 임기의 국회의원과 지방 의원을 한꺼번에 새로 뽑는 현재의 방식을 지양하고, 2년 단위로 교체 선출하여 업무의 익숙도도 높이고 의회의 기능도 연속성을 유지할 수 있도록 시차임기제時差任期制를 실시한다.

3. 각급 공직 출마자를 중앙당에서 공천으로 결정하는 하향식 공천제를 폐지하고, 지역 주민 스스로 대표를 고르고 선정하는 전 국민 참여경선제(미국식 예비선거제)를 실시한다.

4. 정당부터 중앙집권식 운영체제를 버리고 민주화·분권화함으로써, 온전하게 지방자치제도가 실시될 수 있게 한다(제1부 정당편 참조).

행정·집행부 관련

1. 감사원장과 검찰총장은 국민 직선의 선출직으로 전환한
   다.
   – 현재 대통령 임명제 아래서는 임무 수행에 대통령으로
    부터 자유롭지 못함으로, 선출직으로 전환하여 대통령
    도 감시할 수 있도록 한다.

2. 정치의 부패와 행정의 불신을 예방하기 위해 꼭 필요한
   로비제도Lobbying System를 도입·시행한다(제1부 참조).

3. 각 기관의 장이 자신의 휘하에 친인척 임용Nepotism을
   금지하는 제도를 법제화하여 시행한다.

4. 현재 사용하는 무기명 수표 대신 실명 수표제를 실시하
   여 정치 행정의 투명성을 높일 수 있게(정치 헌금이나 정
   치 자금 집행 시 실명 수표만 사용하도록) 한다(미주리 주는
   25달러 이상의 정치헌금이나 50달러 이상의 선거 비용을 집행
   할 때는 실명 수표만 사용하게 함).

5. 재정 여건이 열악한 군郡부터 현행 단일 군수제에서 3명
   의 합의제 군수제로 전환하고, 군의회는 폐지하는 대신
   이들 3명의 군수가 군의회 기능도 겸하게 한다. 군정 형
   태를 이처럼 전환할 지의 여부는 주민 스스로 투표로 결

정하게 한다.

6. 태생적胎生的으로 어용적御用的 성격을 면하기 어려운 현
   행 각종 위원회는 미국식의 실권 있는 임기제 위원회로
   전면 재편성한다.*

7. 각종 연금을 관리하는 데는 미국의 연금 관리 기본 방침
   을 거울삼아 우리의 연금 관리 방식도 다음과 같이 차츰
   개량해 나아간다.
   - 연금 기금으로 영리사업을 운영하지 못하게 하고, 자금
     증식 투자만 할 수 있도록 한다.
   - 연기금 관리는 여·야당 추천으로 구성된 시차임기제에
     따른 법정 위원회에서 관리하게 한다(미국식으로 상위
     직·하위직의 현직자 및 퇴직자를 망라하여 위원 구성).

8. 미국 사례를 참고하여 다음 두 가지, 곧 생활보호 대상
   자 지원 기준을 개선하고, 치매 등 정신 질환자의 보호
   대책을 강구한다.
   - 우리나라 현행 규정은 실제로는 노령의 생활보호 대상
     자이지만 호적상 행방불명인 자식이라도 등재되어 있으
     면 지원 대상이 될 수 없는 바, 미국처럼 자식과 상관없

---

* 미국은 위원회 정부라 해도 지나치지 않을 정도이다. 미주리 주만도 분
  야별 전문가로 구성된 약 2백 개의 위원회가 활동하고 있으며, 거의 모
  두 무보수로 일한다.

이 본인의 상태만으로 지원할 수 있도록 개선한다.[*]

– 권역별·시도별·지구별 정신 보건소Mental Health Center 건립을 추진하여, 날로 늘어나고 있는 노인치매 환자 등 정신 질환자에 대한 수용 치료 대책을 강구한다.[**]

법원·사법 관련

1. 로스쿨 제도를 보완(정원 증원)하고 사법시험 합격자 수를 늘려, 각급 행정 기관에 법무관 및 부서별 법규 관련 업무 전담관Attorney으로 배치한다.

– 우리나라는 법무부나 법제처를 제외한 일반 부처나 각 시·도 단위에는 사법시험 출신의 법무관이 단 한 명도 배치되어 있지 않는데 이와 달리 미국 주 정부(MO)에는 무려 680여 명의 법무관Attorney들이 각 부서에서 일하고 있다.

---

[*] 국립건강보험관리공단에 따르면 현재 우리나라 65세 이상 노인 10명 가운데 1명이 치매 환자(46만 9천여 명)로 매년 기하급수 적으로 그 수가 빠르게 증가하고 있어 2020년에는 약 75만 명, 2030년에는 약 113만 5천 명, 2050년에는 약 212만 7천 명으로 증가할 것이라 예상하고 있다. 따라서 일반 정신질환자를 제외하고 치매 환자의 경우만 고려해도 이와 같은 대책 강구(시설 인력 학보)는 더 이상 미룰 수 없는 시급한 과제이다.

[**] 이런 시설을 운영할 재원 충당의 한 방안으로는 현재 은행 수입으로 잡고 있는 휴면계좌를 미국처럼 국고나 금고 수입으로 하여 그 재원으로 충당하는 방안도 검토할 가치가 있을 것이다.

2. 배심원에 의한 재판 제도를 늦어도 2015년 이전에 전면
   시행하도록 한다.

이상의 내용은 국정 차원에서 조치해야 할 사안들의 예시
에 지나지 않는다. 각급 행정기관이 참고하여 발전시켜야 할
과제는 너무 다양하여 별도로 예시하는 것을 생략하고, 본문
에서 직접 독자들이 챙길 몫으로 남기고자 한다.

미국의 방대한 지방행정 분야에서 필자가 본 것은 빙산의
일각에 지나지 않는다. 미국의 주 단위 성격은 우리나라로 치
면 지방행정 단위가 아닌 국정의 단위이니 생각보다 훨씬 방
대하다. 더 알아보고 싶은 분야가 여전히 많이 남아 있지만
그러지 못하는 점이 아쉽다.

필자는 지금까지 소개된 내용만이라도 우리나라 제도 개선
에 곧바로 응용되고 채택되어, 우리의 행정 발전에 이정표 구
실을 하는 계기가 되기를 간절히 바란다.

끝으로, 필자가 미국에서 근무할 때 도움을 준 당시 캔자스
주의 빌 그레이브스Bill Graves 주지사와 이미 고인이 되신 미
주리 주의 멜 캐나한Mel Carnahan 주지사를 비롯한 당시 양
주 정부 공무원들, 그 밖에도 각별한 친절을 베풀어 주신 여
러분들께 다시 한 번 그때를 회상하며 심심한 감사를 드리는
바이다. 그리고 이 책자 발간을 위해 애써 주신 출판사 사장
님과 관계 직원들의 노고에도 감사드린다.